农业生态实用技术丛书

奶牛场

卧床垫料使用技术

NAINIUCHANG WOCHUANG DIANLIAO SHIYONG JISHU

农业农村部农业生态与资源保护总站　组编

翟中葳　等　编著

中国农业出版社

北　京

图书在版编目（CIP）数据

奶牛场卧床垫料使用技术/ 翟中葳等编著.—北京：中国农业出版社，2020.5
（农业生态实用技术丛书）
ISBN 978-7-109-24799-4

Ⅰ．①奶… Ⅱ．①翟… Ⅲ．①乳牛-饲养管理　Ⅳ．①S823.9

中国版本图书馆CIP数据核字（2018）第244005号

中国农业出版社出版
地址：北京市朝阳区麦子店街18号楼
邮编：100125
责任编辑：张德君　李　晶　司雪飞　文字编辑：陈睿赜
版式设计：韩小丽　责任校对：周丽芳
印刷：北京通州皇家印刷厂
版次：2020年5月第1版
印次：2020年5月北京第1次印刷
发行：新华书店北京发行所
开本：880mm×1230mm　1/32
印张：5
字数：100千字
定价：40.00元

农业生态实用技术丛书
编委会

本书编写人员

主　　编　翟中葳

副主编　张克强

参编人员　曹凯军　陈紫剑　丁飞飞

　　　　　田雪力　渠清博　王鸿英

　　　　　王永颖　杨　鹏　赵　润

　　　　　张学炜

序

　　中共十八大站在历史和全局的战略高度，把生态文明建设纳入中国特色社会主义事业"五位一体"总体布局，提出了创新、协调、绿色、开放、共享的发展理念。习近平总书记指出："走向生态文明新时代，建设美丽中国，是实现中华民族伟大复兴的中国梦的重要内容。"中共中央、国务院印发的《关于加快推进生态文明建设的意见》和《生态文明体制改革总体方案》，明确提出了要协同推进农业现代化和绿色化。建设生态文明，走绿色发展之路，已经成为现代农业发展的必由之路。

　　推进农业生态文明建设，是贯彻落实习近平总书记生态文明思想的必然要求。农作物就是绿色生命，农业本身具有"绿色"属性，农业生产过程就是依靠绿色植物的光合固碳功能，把太阳能转化为生物能的绿色过程，现代化的农业必然是生态和谐、资源可持续、环境友好的农业。发展生态农业可以实现粮食安全、资源高效、环境保护协同的可持续发展目标，有效减少温室气体排放，增加碳汇，为美丽中国提供"生态屏障"，为子孙后代留下"绿水青山"。同时，农业生态文明建设也可推进多功能农业的发展，为城市居民提供观光、休闲、体验场所，促进全社会共享农业绿色发展成果。

农业生态文明思想起源于古老的中国，中国自春秋时期就懂得用地养地的道理以及物理杀虫、人工除草等做法。农牧结合、稻田养鱼、桑基鱼塘等农业生态模式在历史上曾经极大推动了文明和经济的发展。当前，我国农业生态文明建设已进入提供更多优质生态产品以满足人民日益增长的优美生态环境需求的攻坚期，也到了有条件、有能力发展环境友好农业的窗口期。多年来，从事农业生态研究的学者和实践者扎根农业生产一线，按"整体、协调、循环、再生"的原则，围绕农业生态文明建设开展了广泛、系统的实践和研究，探索总结出了丰富多样的应用技术。

为推广农业生态技术，推动形成可持续的农业绿色发展模式，从2016年开始，农业农村部农业生态与资源保护总站联合中国农业出版社，组织数十位业内权威专家，从资源节约、污染防治、废弃物循环利用、生态种养、生态景观构建等方面，多角度、多要素、多层次对农业生态实用技术开展梳理、总结和归纳，系统构建了农业生态知识体系，编写形成了《农业生态实用技术丛书》。丛书中的技术实用、文字简洁、步骤详尽、脉络清晰、技术可推广、模式可复制、经验可借鉴，具有很强的指导性和适用性，将为广大农民朋友、农业技术推广人员、管理人员、科研人员开展农业生态文明建设和研究提供很好的参考。

2020年4月

奶牛养殖业是我国农业的重要组成部分，乳品是重要的"菜篮子"产品。近年来，中国奶牛养殖业在国内政策、市场等多方面驱动下不断发展，特别是奶牛规模化养殖程度提升较快，国内涌现出大批千头、万头牧场。中共十八大以来，我国奶牛养殖业的规模化、标准化、机械化、组织化水平大幅提升，龙头企业发展壮大，品牌建设持续推进，质量监管不断加强，产业素质日益提高。

根据中共十九大作出的深化供给侧结构性改革、实施乡村振兴战略等一系列重大部署的要求，结合2018年中央经济工作会议和中央农村工作会议，深入贯彻习近平总书记系列重要讲话精神，坚持创新、协调、绿色、开放、共享的新发展理念，我国奶牛养殖业正由将产量、养殖数量作为首要任务的粗放发展期转变为以市场需求为导向，以优质安全、提质增效、绿色发展为目标的现代化提升期，通过推进奶业供给侧结构性改革，转变奶牛养殖业生产方式。

本书的切入点选择了很多奶牛养殖场正在关注，但在实际操作过程中缺乏指导的奶牛场卧床垫料。回看5年前，这个问题在大部分奶牛养殖场主眼中并不是什么问题，在原料不够时只需要稍微增大经济投入即可解决。但在环保要求愈发严格的今天，单靠加大经济投入而不从根本上解决垫料问题，往往会导致严重的连锁反应。

本书从卧床垫料的区分大类进行阐述，力求能覆盖市场上大部分卧床垫料种类，并对每一种卧床垫料的来源、使用方法、管理方法进行描述，指导奶牛养殖场主选择更适宜我国现阶段奶牛养殖发展现状的卧床垫料，而非仅仅将目光锁定在产量上。

本书在编写过程中得到了国内许多科研单位、行业专家和企业的帮助和指导，特别是农业农村部环境保护科研监测所养殖业污染防治团队、天津市畜牧兽医局、天津市现代奶牛产业体系创新团队、天津市嘉立荷牧业有限公司、天津神驰农牧发展有限公司和北京市盛大荣景科技有限公司等给予的指教，在此一并表示感谢。

奶牛的卧床垫料使用是一个复杂的过程，涉及奶牛场环境管理、奶牛习性管理、兽医、奶牛场经济核算等多方面内容，作者水平有限，错误或不妥之处在所难免，诚恳希望行业中的专家和读者批评指正，以便今后进行修改和完善。

翟中葳

2019 年 6 月

目录

一、概　　述

本部分简述了奶牛卧床垫料的定义和使用历史，结合垫料的两大类别（有机垫料及无机垫料），重点描述了卧床垫料对于奶牛的影响。

（一）奶牛场卧床垫料的定义

奶牛场卧床垫料是指覆盖于奶牛场卧床内无机或有机介质的统称，是奶牛场环境调控与奶牛福利的重要组成部分。每一个奶牛场经营管理者都试图从改善奶牛生活环境的角度提升产奶量，其中的关键点之一就是为奶牛提供清洁、干燥的卧床（图1）。奶牛每天有50%～60%的时间趴卧在卧床上进行休息和反刍，趴卧时流经乳腺的血流量可以增加20%～25%。良好的卧床环境可以提高奶牛的休息质量，保证蹄部健康，增加营养效率；不良的卧床环境可使奶牛的趴卧时间明显减少，严重影响奶牛休息和产奶量，且使跛行、肢蹄病及乳房炎等疾病发病率提高。

图1　奶牛舍卧床

（二）奶牛场卧床垫料的应用历史

奶牛场卧床垫料的使用是伴随着奶牛养殖业的规模化、集约化发展同步进行的。奶牛理想的趴卧场所是草地环境，柔软舒适的草地使奶牛得到充分的保护和放松（图2），但因为土地限制、对牛奶产量的要求、集约化养殖的需求等因素，放牧型奶牛场逐渐减少，有限范围内的散栏式饲养成为主流，如何尽量模仿自然环境、提升奶牛舒适度成为牧场主的思考焦点。

早在19世纪80年代，国外就通过采用环境偏好试验选出适合奶牛的畜舍设施来提高奶牛的福利，德国、新西兰、丹麦等国家较早采用沙子、锯末等作为卧床垫料，芬兰则利用丰富的泥炭资源作为卧床垫料。

图2 自然环境中的奶牛

随着20世纪畜牧业的快速发展，原料来源匮乏、使用成本高的卧床垫料逐步被淘汰；随着人力成本的升高，卧床的铺撒机器得到应用，各国纷纷开始寻找可批量生产、可机械化操作的卧床垫料，此阶段中沙子等无机垫料仍被大量利用。

当社会对养殖业产生的污染开始重视时，牧场主们又开始筛选不影响粪污处理体系运作、可再生利用的卧床垫料，橡胶垫料、锯末垫料、秸秆垫料和牛粪垫料渐渐成为主流方向，相应提升的还有各种生产卧床垫料的工艺和技术。

改革开放以来，我国奶牛养殖业发展迅速，牛奶产量不断上升，2015年已成为世界第三大原奶生产国，仅次于印度和美国。中国奶牛存栏量飞速增长，

1996—2012年奶牛存栏量从241.4万头增加到748.8万头，之后略有下降，2014年依然超过600万头。2008年以来，由于市场压力和环境问题的影响，很多奶牛养殖场从数量扩张型向质量效益型转变，散户向集约化牧场转变，卧床作为提升质量的重要环节成为牧场主的关注焦点。2013年前后奶牛养殖场的选择主要还集中在沙子、锯末和秸秆等方便易得的垫料，而从2015年开始大部分养殖场都在寻求牛粪制作垫料的方法以减少环境压力。

（三）奶牛场卧床垫料的主要分类

根据奶牛卧床垫料组成材料的性质划分，可以分为无机垫料和有机垫料两种。通常情况下，使用无机垫料不适合微生物的生长，相对于有机垫料来说更安全，但其易对后续粪污处理设备造成磨损甚至损坏，不利于后续粪污处理设备使用，而且使用某些垫料如橡胶垫料会降低奶牛的舒适度；而有机垫料虽然更利于后续的粪污处理，奶牛趴卧更舒适，但其中的有机成分可能会利于微生物的生长繁殖，易对奶牛肢蹄及乳房的健康产生影响。

所以选择卧床垫料的种类取决于一个奶牛养殖场的区域地点、周边资源条件、管理方式及粪污处理模式等，本书后文会对主要卧床垫料进行详细的介绍。

（四）奶牛场卧床垫料的具体影响

1.对奶牛肢蹄病的影响

奶牛肢蹄病是奶牛的四肢及其蹄部疾病的总称，是国内外奶牛发病率比较高的疾病之一，仅低于奶牛泌乳系统的疾病。肢蹄病的主要致病因素有遗传因素、饲养管理因素和环境因素等方面，其中卧床类型和地板结构均对肢蹄的损伤和继发性感染有很大的影响。

奶牛肘关节的损坏程度直接反映出卧床的舒适程度。一些研究显示，较硬的卧床如混凝土、木板等材料容易引起奶牛肘关节损伤和肿胀，而秸秆、沙砾和牛粪等柔软的卧床则不会产生此类问题。较硬的卧床带来持续的摩擦和压力，会导致奶牛关节的损伤无法恢复，越加严重。国外一些研究学者发现，沙砾垫料和稻草垫料相比，使用沙砾垫料的奶牛关节损伤的恢复速度较快，可能是沙砾垫料的颗粒之间的缓冲使奶牛具有较好的适应性，每次趴卧时都可以将四肢放置到合适的位置，并由沙砾颗粒之间的缓冲来减少趴卧时对肢蹄的损害。但其他一些研究机构表示，通过比较在不同垫料卧床上奶牛的跛行率发现，那些使用沙砾垫料的奶牛跛行率要比使用干牛粪、稻壳等有机垫料的跛行率严重，说明无机垫料在材料的柔软性上还是较有机垫料差，有机垫料在提供舒适度的同时还能带来不损伤奶牛关节的柔性摩擦力，减少奶牛起卧时的损伤。奶牛跛行是痛苦的重要信号，也是动物福利不良的重要信号。跛行对奶牛的产奶量、繁殖能力和奶牛的健康有着负面影响，通过兽医、饲养人员的诊断，每年奶牛蹄趾的患病率为6.6%～54.4%。每个奶牛养殖场每年都要投入大量资金用于因肢蹄病导致的奶牛治疗、预防和人员开销等，同时奶牛蹄趾的急性和慢性疼痛也是影响奶牛福利的重要因素。

早在19世纪80年代，研究机构就通过环境偏好试验选出适合奶牛的牛舍设施，来提高奶牛福利。研究显示，如果舍内卧床（图3）设计合理、垫料柔软，那么90%以上的奶牛都会在挤奶后选择休息2～3小时，在得到充分的休息后，跗关节损伤和关节肿胀的发病率低，跛行和其他肢蹄感染的概率也会大大减少。根据国外的研究显示，坚硬、大摩擦力或光滑的

图3　奶牛卧床

地面加剧了奶牛蹄趾的损伤和感染，一个适宜的卧床应对奶牛的起立和斜靠起缓冲作用。在可供选择的情况下，奶牛会选择最柔软的卧床，并且趴卧时间也会提升，这样就减少了跛行的概率。因此，关于卧床垫料的研究一直都围绕如何减小垫料的坚硬程度和成本进行。

2.对牛体清洁度及乳房炎的影响

奶牛的乳房炎是指乳腺受到物理、化学和微生物的刺激时所发生的，以乳中的体细胞尤其是白细胞的数量增多以及乳腺组织病理变化为特征的一种炎性变化。乳房炎是威胁奶牛健康的重要疾病，养殖户需要大量的花费用于乳房炎的控制和治疗。引起奶牛乳房炎的致病菌按传播途径分类通常分为两种：接触性和环境性病原。接触性的病原主要有无乳链球菌、金黄色葡萄球菌和霉浆菌属的某些细菌。环境性病原主要为大肠杆菌、克雷伯氏杆菌及链球菌。这些病菌可由乳头进入乳房，并在其内繁殖、释放毒素、破坏乳腺上皮细胞，减少牛乳的合成。尽管通过乳头浸渍法和干奶牛治疗项目可以有效控制感染性乳房炎，但是对于环境致病菌引起的乳房炎方面的研究进展甚微。环境致病菌通常在奶牛粪便中发现，容易污染水源和卧床，只有良好的奶牛舍环境才可以控制住这一类环境致病菌的传染。

奶牛的生活区是环境致病菌的主要聚集地。乳房内大肠杆菌感染的速率和乳头上的细菌数量有关，并且乳头末端的细菌数量又与卧床的细菌数量有关。相关研究发现，细菌可通过奶牛趴卧由卧床转移到乳头末端。像沙砾、煤灰等无机垫料，微生物在其中的生长非常缓慢，因而能有效减少容易引起乳房炎的细菌的含量，从而降低了环境因素引起的乳房炎。有研究者将三种不同处理方法的牛粪作为卧床垫料，研究发现生牛粪中总的细菌数量与经厌氧消化牛粪的细菌数、经机械堆肥的牛粪的细菌数相比，具有较为显著的差异。可见，选择适合的垫料和牛粪处理方法是减少奶牛乳房炎发病率的重要手段。当然，保持良好的舍内卫生环境也是必不可少的，及时更换垫料，及时清理粪污，保持牛体卫生，可大大减少与奶牛乳头接触的环境致病菌，进而减少环境乳房炎的发生。此外，为了全面地提高奶牛的体况和舍内卫生状况，国外已经开始通过对奶牛的清洁度进行评分来辅助管理生产，可有效减少乳房炎的发生。奶牛体况评分、步态评分、粪便评分和清洁度评分是判断奶牛健康与否不可或缺的指标，也是衡量奶牛的饲养管理水平高低的重要依据。

3.对奶牛趴卧的影响

奶牛的集约化生产在较大程度上提高了奶牛业的生产效益和生产性能，但人们很少注意到奶牛的健康和福利，使奶牛长期生活在有损健康、紧张和乏味的环境之中，这对奶牛的福利产生不良的影响。改善牛舍环境是促进奶牛健康、提高生产能力的一项重要措施。其中，卧床是牛舍中对奶牛影响较大的设施，因为卧床是奶牛长时间使用的设施，奶牛每天12～13小时用来进行趴卧。奶牛的趴卧和起立既受内在的生物节律的控制，也受如地面、卧床结构等周围环境条件的影响。有研究显示，奶牛在趴卧过程中最后20厘米是没有任何支撑的，完全在重力作用下自由下落。如果卧床和垫料选择不当，奶牛的膝盖将承受很大压力，极易损伤。因此，奶牛每天的趴卧次数以及每次趴卧的持续时间可用来衡量奶牛的舒适程度。

奶牛睡眠的姿势往往可作为观察健康状况的指标，例如发生乳热病的牛，表现特有的蜷卧；瘤胃有刺伤时往往表现犬蹲姿势。一般奶牛趴卧时有四种姿态：头紧贴腹部、头紧贴背部、头紧贴地面以及头部处于直立状态。牛舍体系直接影响奶牛趴卧的姿势。而趴卧姿势与趴卧时间密切相关。研究表明，奶牛在没有垫料的卧床上用于进行趴卧动作所花费的时间要高于在有垫料的卧床上用于进行趴卧所花费的时间。通过观察发现奶牛趴卧在更加柔软的地面上能增加奶牛的趴卧时间，奶牛能表现出强烈的趴卧欲望。因此，卧床表面的质量对奶牛是十分重要的。

不良的卧床设计和牛舍设施管理不当，尤其将奶牛全部限制在混凝土地面的环境，这些都能干扰奶牛的休息行为和促使奶牛站立时间变得更长。不良的卧床环境能使奶牛的趴卧时间减少到每天4小时（图4）。

图4　没有卧床的土地面养殖

如果只给奶牛提供混凝土卧床，奶牛的趴卧时间减少，相应的站立时间增加。但是，当混凝土卧床上铺上厚厚的垫料时，与卧床上铺柔软的垫料相比，奶牛的趴卧时间没有较大差别。卧床垫料的类型、厚度和干燥程度都会影响奶牛的趴卧时间。研究学者曾对比了干燥、潮湿的垫料对奶牛的趴卧行为的影响。在限制试验阶段，只提供新鲜干燥的锯末垫料时，奶牛的平均趴卧时间可达14小时/天；当只提供潮湿的锯末垫料时，奶牛的趴卧时间减少到9小时/天；在自由选择阶段，同时提供干燥和潮湿两种稻壳垫料，奶牛在干燥垫料的趴卧时间为（12±0.3）小时/天，在潮湿垫料卧床上的趴卧时间为（0.9±0.2）小时/天。

4.对奶牛产奶性能的影响

适宜的卧床表面能使奶牛的生活环境变得清洁卫生，更便于奶牛的起卧行动，更贴近奶牛的自然生活模式，自由活动、自由采食、自由饮水，为奶牛提供舒适的趴卧环境，更充分发挥奶牛产奶潜力。适当厚度的垫料能够改善卧床耐用度和奶牛舒适度，进而有益于奶牛身体健康，增加泌乳牛的产奶量，延长养殖场奶牛的生产寿命。

舒适的卧床可促进奶牛趴卧时间最大化，最大限度地减少奶牛应激，从而在减少伤害的前提下增加产奶量和乳蛋白含量，延长奶牛的生产寿命。奶牛在连续数周被限制趴卧时间的情况下，生长激素分泌量会减少。由于生长激素具有催乳作用，从而减少了奶牛的产奶量。较短的单次趴卧时间对激素含量也有影响。产奶量高的奶牛每天的40%～60%时间是处于卧床休息状态的。

二、无机卧床垫料

本部分重点针对奶牛场使用的无机卧床垫料进行原料简介、使用方法介绍和使用效果评价，主要分为沙砾垫料、沙土垫料、橡胶卧床垫料及一些不常见的无机垫料。无机垫料的使用效果好，但价格昂贵，大部分无机垫料对后续粪污处理有较大影响，即使没有影响也不能进行资源化回收，是一次性垫料。

（一）沙砾垫料

1.原料简介

沙砾卧床垫料一般来源于奶牛养殖场附近的水系，运输距离不宜超过30千米，应选用天然石在自然状态下经水的作用长时间反复冲撞、摩擦形成的小型非金属颗粒，颗粒要求圆滑无棱角。近海区域有时会产海砂，海砂的颜色较河道沙砾更深，颗粒非常细小，部分还带有贝壳残片，具有黏性。海砂尽可能不作为卧床垫料的来源，原因有三：①海砂颗粒过细，风干后易产生扬尘，引发奶牛呼吸道疾病并导致奶牛乳头堵塞；②如筛网不细，易残留带棱角的贝壳残片，划伤牛体；③海砂中氯离子含量较高，会腐蚀钢砼结构的卧床，如必须使用，则应进行脱氯处理后保证氯离子含量小于0.05%。

沙砾是无粪污环保压力时较为优良的卧床垫料（图5）。与单位个体较长的垫料如木屑、秸秆相比，沙砾卧床垫料的防滑效果较好，牛体清洁；同时由于渗水性强、有机物含量低，使用过程中不易结块，有害微生物生长速度慢于有机垫料，奶牛舍环境情况保持程度较好。但由于无机物的比热值较低，在北方冬季和温差较大的天气会减少奶牛的趴卧率并易导致腹泻等不良症状，在南方则影响较小。

图5　沙砾垫料卧床

2.使用方法

（1）材料选择。根据价格和运输距离，签订长期的供货渠道，确定开采河流沙砾的合法性。尽量不选择海砂，如必须选择，应进行分步冲洗、脱氯并解决冲洗水的二次污染问题。运输车辆在进入奶牛养殖场时需要进行严格消毒，避免外界病原进入场内。严禁同一辆车在消毒不彻底的情况下往返多个奶牛养殖场运送沙砾垫料。

（2）垫料筛选。沙砾作为卧床垫料使用时应注意粒径的大小。对于卧床垫料来说，粒径适宜范围应在0.21 ～ 0.5毫米。过小的沙砾会导致异物性乳房炎症和奶牛呼吸道疾病，过小的沙砾应采用吹风、细筛等方式去除。过筛后的沙砾垫料应进行1 ～ 2天的晾晒、日光消毒，使用前进行抖筛，避免出现大的硬块。

（3）垫料贮存。为了长期、稳定使用，奶牛场在运营时应在每栋牛舍旁建设垫料贮存间。沙砾垫料无附加污染，砖砌、混凝土地面都可以满足要求，但要预防雨水对沙砾的污染，建议建设时高于建设地点最大积水深度。同时，贮存间的顶棚外檐，在檐下高度小于3米时应不少于0.3米，高度大于3米时应不少于0.6米。贮存间应采用防雨材料，如彩钢板、石棉瓦、阳光板等。贮存间应满足服务卧床总数2 ～ 3天的使用量，并尽量靠近整个场区的外侧，避免运输车辆对防疫和牛群造成影响。

（4）垫料使用。小型奶牛养殖场可直接采用人工铺设方式，大中型奶牛养殖场建议采用机械喷撒铺设。沙砾卧床垫料的铺设高度一般为15～30厘米，铺设时必须及时清理在卧床中的粪尿。对于沙砾卧床垫料，奶牛比较好奇，常将卧床刨成高低不平的大坑，奶牛起卧2天后，最大落差将近0.2米，造成起卧困难，需要人工平整卧床并及时补充垫料，保证卧床的清洁、平整和垫料足量（图6）。

图6　奶牛趴卧在沙砾卧床上

在日常进行维护时，可选用0.1%单链季铵盐类、0.2%～0.5%过氧乙酸、0.1%次氯酸钠等常规消毒剂，消毒时应严格控制喷洒的效果，以雾状消毒为佳。在北方地区春秋季节，沙砾垫料的消毒、翻整周期建议为5～6天，在冬季为7～9天，在夏季为3～4天；在南方高湿度地区，夏季宜调整为2～3天，其他季节可基本一致。

对于卧床上的粪污清理时间应保持每天清理1～2次，用铲子等器械将卧床靠近站槽的沙砾垫料与所含的粪便一起清出并运走，不应将清理出的垫料粪污混合物直接倒在站槽内与其他粪污混合（图7）。

图7　定期清理被粪便污染的卧床垫料

3.效果评价

（1）沙砾垫料使用效果。目前国内散栏饲养方式的牛舍普遍使用沙砾作为卧床垫料（图8），在实际使用过程中，在20℃以上时奶牛在沙砾卧床垫料上的趴卧时间在9～12小时，在10℃以下时奶牛在沙砾卧床垫料上的趴卧时间减少至6～8小时，趴卧起立次数7～9次。沙砾垫料在使用时牛体的清洁程度最高，同时由于小颗粒之间的缓冲作用可减少蹄部的压力，保证蹄部健康，加速蹄部损伤的恢复。部分奶牛养殖

图8　沙砾垫料卧床通铺

场反映沙砾的舒适度较低，可能是因为选择的颗粒较大，使奶牛感到不适。

（2）沙砾垫料经济效益。沙砾是一种较好的建筑资源，而可作为沙砾卧床垫料的取值范围也是常规干粉砂浆的使用范围，沙砾尤其是河沙在建筑、装饰工程中具有不可替代的作用。随着开采沙砾的难度逐渐加大，沙砾的价格提升，且距离较远，运输成本大大增加，奶牛养殖场因市场问题需要不断增加投入成本。沙砾卧床垫料属于不可再生型垫料，混合入粪污中的沙砾无法在不增加粪污总量的情况下通过清洗手段与粪污完全分离，不可进行二次利用，这使沙砾卧床垫料的使用成本成为一次性投资。

（3）沙砾垫料环境效益。沙砾卧床垫料对奶牛舍内的环境具有良好的改善作用，但清理后以养殖场为点源的环境效益则不尽如人意。一方面，由于无法与混合后的粪污完全分离，沙砾卧床垫料会跟随粪污经过管道、固液分离系统、提升泵和后续贮存系统，残存的沙砾在管道铺设坡度不足时会堵塞输送管道，在通过固液分离系统时对中心轴、筛网的磨损、堵塞会导致固液分离系统停运。影响最严重的是后续贮存系统，在规定贮存时间内，沙砾会逐渐挤占贮存系统的有效容积，并且无法使用搅拌、水流冲击等手段匀浆，也无法通过提升泵进行排除，即使最终通过排水清塘的手段将液体全部抽出，剩余的泥浆状混合物也无法净化后回收利用或还田。另外，由于无法完全从粪污中分离，沙砾会在干清粪还田等种养一体化过程中进入农田，造成土壤肥力下降，保水能力退化，严重的导致土壤沙化。

（二）沙土垫料

1.原料简介

沙土卧床垫料一般在我国西北地区使用，以宁夏、青海、内蒙古等地区为主，国外则以美国加利福尼亚、澳大利亚等缺水地区为主。奶牛养殖场周边有丰富的沙土资源，本着就近和节约成本的原则采用沙土作为卧床垫料（图9）。沙土卧床垫料与沙砾卧床垫料的区别在于沙土垫料的粒径更低，通常低于0.2毫米，且其中成分较沙砾复杂，通常含有沙子、黄土等成分，易被压实，吸水性比沙砾强，但容易结块，导致有害微生物繁殖。

图9 沙土垫料卧床

沙土作为卧床垫料时效果较沙砾略差，但仍保持了无机垫料中有害微生物生长速度慢的优势，在我国西北地区的产量大，原料采购价格便宜，在饲养成本逐渐增加时，部分养殖场在成本核算后仍愿意选择沙土作为垫料。保持牛体清洁度的能力较沙砾差，但冬季上床率和卧床时间强于沙砾。沙土垫料不适宜在南方雨水充足、空气湿度大的地区使用。

2.使用方法

（1）材料选择。根据地区不同，沙土的拉运费用较沙砾可便宜30%～60%，一般运输距离可超过50千米。但随着对耕地红线和土地资源开采的严格控制，沙土垫料的使用逐渐受到影响。运输车辆在进入奶牛养殖场时需要进行严格消毒，避免外界有害疾病或微生物进入场内。严禁同一辆车在消毒不彻底的情况下往返多个奶牛养殖场运送沙土垫料。

（2）垫料筛选。用沙土作为卧床垫料选择时应注意石块和沙土结块的问题，一般情况取不超过30厘米的表层沙土，过30目人工筛网即可。过筛后的沙土垫料应进行1天的晾晒，日光消毒。

（3）垫料贮存。为了长期、稳定的使用，奶牛场在运营时应在每栋牛舍旁建设垫料贮存间。沙土垫料无附加污染，砖砌、混凝土地面都可以满足要求，但要预防雨水对沙土的污染，建议建设时高于建设地点最大积水深度。同时，因为采用沙土垫料的地区通常位于西北地区，为了防风，顶棚外檐可不大于0.3米，顶棚高度不宜超过0.5米。贮存间应采用防雨材料，如彩钢板、石棉瓦、阳光板等，要求建设围墙防风，围墙高度不宜低于垫料的最大贮存高度。贮存间应满足服务卧床总数2～3天的使用量，并在大风天气用塑料薄膜压住垫料，以防场内起沙尘。

（4）垫料使用。小型奶牛养殖场可直接采用人工铺设方式，大中型奶牛养殖场建议采用机械喷撒铺设，铺设时应严格控制抛撒高度，避免扬尘对奶牛呼吸道的影响。沙土卧床垫料的厚度影响奶牛的趴卧时间和频率，铺设高度一般为25～40厘米。对于沙土卧床垫料，奶牛常将卧床刨成高低不平的大坑，奶牛起卧2天后，最大落差将近0.4米，较沙砾卧床垫料起伏大，需要人工平整卧床并及时补充垫料，保证卧床的清洁、平整和足量。

在日常进行维护时，可选用0.1%单链季铵盐类、0.2%～0.5%过氧乙酸、0.1%次氯酸钠等常规消毒剂，消毒应严格控制喷洒的效果，以雾状消毒为佳。沙土垫料的夏季消毒、翻整周期建议为2～3天，在冬季为7～9天，翻动时应采用耙子或浅铲。

对于卧床上的粪污清理时间应保持每天清理1～2次，用铲子等器械将卧床靠近站槽的沙土垫料与所含的粪便一起清出并运走，不应将清理出的垫料粪污混合物直接倒在站槽内与其他粪污混合。

3.效果评价

（1）沙土垫料使用效果。目前国内西北的集约化奶牛养殖区采用沙土作为卧床垫料的养殖场较多，在实际使用过程中，在20℃以上时奶牛在沙土卧床垫料上的趴卧时间在10～12小时，在10℃以下时奶牛在沙土卧床垫料上的趴卧时间减少至8～9小时，趴卧起立次数6～8次，寒冷季节的使用效果略强于沙砾卧床垫料。沙土垫料在使用时牛体的清洁程度一般，主要是因为沙土的黏性和吸水性都比沙砾高，沾染粪污后容易成团和黏附在牛后肢上（图10）。沙土垫料对奶牛肢蹄病的影响较小，但对乳房炎和呼吸道疾病的潜在影响大，尤其是在大风天气，极易减少奶牛的趴卧时间并引起哮喘等病症。

（2）沙土垫料经济效益。沙土在我国西北地区价格低廉，容易取得，从经济效益上来说比沙砾垫料要好，但随着开采难度的提升，沙土的价格易产生波

图10 沙土垫料卧床使用情况

动，且运输成本大，运输、使用时损耗量较大，奶牛养殖场因市场问题需要不断增加投入成本。沙土卧床垫料属于不可再生型垫料，混合入粪污中的沙土几乎无法分离，不可进行二次利用，这使沙土卧床垫料的使用成本成为一次性投资。

（3）沙土垫料环境效益。沙土卧床垫料对奶牛舍内的环境具有较好的改善作用，但清理后的环境效益则如沙砾垫料一样不尽如人意。一方面由于完全无法与粪污分离，沙土卧床垫料会跟随粪污经过管道、固液分离系统、提升泵和后续贮存系统，易成团的沙土垫料更易堵塞输送管道，在通过固液分离系统时对中心轴、筛网的磨损严重。影响最严重的是后续贮存系统和有机肥加工，在规定贮存时间内，沙土不易沉淀，会与牛粪水形成类似悬浊液的混合层，在沼液灌溉时导致西北原本就沙化的土地更加严重；加工有机肥时，在实际加工中沙土含量一般能达到5%，部分有机肥原料的含沙土量高达20%，导致产品达不到国家有机肥的相关标准，肥效差，再利用和售卖都比较困难。

4.使用案例——宁夏骏华月牙湖农牧科技股份有限公司

宁夏骏华月牙湖农牧科技股份有限公司位于银川市兴庆区月牙湖万亩奶牛养殖园区，占地1 000余亩[*]（图11），该园区是宁夏规模较大单体牧场之一，现存栏奶牛10 000头，其中成年母牛5 200头，日产鲜奶120余吨，年产生鲜奶40 150吨。现建有标准化牛舍及牛棚20栋，犊牛岛200个，犊牛舍1栋，标准化产房2个，挤奶厅4个，配置全自动双体60位转盘式挤奶设备2台，并列式挤奶设备3台。

图11 宁夏银川月牙湖奶牛养殖园区

---

[*] 亩为非法定计量单位，15亩＝1公顷。

公司有机肥生产基地占地面积219亩，年产有机肥共300 000吨，分三期建设，目前一期100 000吨工程现已投入生产，二、三期工程将引入荷兰瓦格宁根大学的生产技术和荷兰Orgaword公司的生产工艺设备，进行合作建设，已列入筹备计划中。整体工艺配套科学，节能环保，不仅为畜禽废弃物资源化综合利用提供技术更新，也由此解决了项目区域内因畜禽废弃物产生的面源污染问题，保持农牧业健康发展，使运营更加科学长效。

银川市位于中国东、西两大构造带的枢纽部位，地表水水源充足，富含泥沙，同时养殖场周边沙土较多。本着节约成本的原则，养殖场就近使用沙土作为卧床垫料（图12、图13）。初期使用时效果比较好，奶牛身体健康，肢蹄病和乳房炎得到比较好的控制。

图12　宁夏银川月牙湖奶牛养殖园区的卧床沙土垫料使用情况（1）

图13 宁夏银川月牙湖奶牛养殖园区的卧床沙土垫料使用情况（2）

但随着环保要求的逐级提升，对奶牛粪污的处理要求变得严格，沙土卧床垫料的缺点也体现了出来。经检测，有机肥加工过程中沙土的含量过高，最多时可达30%，发酵温度不能提高，出售农户也因肥效较差导致无人采购。同时，沙土黏附性强的特点也造成了奶厅废水中沙土含量高、容易淤积、处理难度大的问题。

宁夏骏华月牙湖农牧科技股份有限公司立刻形成讨论组，开始研究如何解决沙土含量高和污水处理问题，最终选择了三个方向：高含沙量污水收集及沉淀技术研究、多级深化处理技术研究和奶厅废水处理技术研究。而高含沙量污水收集及沉淀技术的源头技术之一就是使用牛粪逐步取代沙土垫料，将系统中的沙土逐渐替换出来，最终形成无沙污水和粪便，进行处理。

（1）经济效益。大部分奶牛养殖场在选择使用沙土的时候，都是由于沙土本身是免费的或仅收取少量的资源管理费，与其他无机、有机垫料相比，根据养殖场大小不一，可节省20万～200万元/年的垫料费用投资，但在后续使用过程中，却造成了一些问题。以该养殖场为例，按照牛粪有机肥400元/吨的售价计算，出售的肥料有一半左右不能达到有机肥标准，仅有机肥出售一项就产生超过200万元/年的损失，再加上沙土进入奶厅废水导致后续处理设施的磨损、使用困难、日常管理维护投资增加等，总损失可能在700万元/年。

宁夏骏华月牙湖农牧科技股份有限公司改变垫料的使用模式后，污水和有机肥的问题将逐步得到改变，有机肥一期可产生约400万元/年的利润。年治理污水20万吨以上，维护费用约40万元/年，由于未进行全面种养结合，直接经济效益较低，但免除环保罚款可达200万元以上，同时每年减少缴纳畜禽养殖粪污环保税28万～280万元。

（2）社会效益。银川市兴庆区月牙湖万亩奶牛养殖园是宁夏回族自治区的重点规划项目之一，预计存栏奶牛总量可达到20万头左右。如此多的奶牛养殖场集中在一起，防疫、饲料的问题是一方面，另一方面是需要处理、利用年产上百万吨的粪便和污水。距离养殖园数千米处有大量的种植农田，但首先需要在养殖场内处理至一定程度才可能集中灌溉。

宁夏骏华月牙湖农牧科技股份有限公司作为宁夏

回族自治区重点龙头企业，已完成了区域内有机肥厂的规划和建设，但忽视了垫料和污水问题。通过改变垫料使用模式，推进不同技术方向的污水处理模式，将有助于建立银川地区集约化奶牛养殖可持续发展模式，带动西北地区奶业健康快速发展。

（3）案例分析。宁夏骏华月牙湖农牧科技股份有限公司的情况其实是现在中国集约化奶牛养殖场遇到的典型问题。公司经济实力雄厚，也意识到养殖场环保的重要性，分别投资了大型有机肥生产线、污水处理系统等设施，却因为沙土垫料这一个不算重要的问题导致整个系统的运行受阻，重新寻找其他模式解决垫料问题。

由此可见，奶牛养殖场的粪污处理工作并不是各环节相对独立的，而卧床垫料可能影响以下几个环节。

第一，管道收集系统淤积堵塞，不容易清理，需要较大的坡降来解决，但对于大型养殖场来说，较大的坡降代表着集污池的有效容积下降，无用投资比较大。

第二，固液分离机磨损严重。无论是筛网还是中轴的磨损程度都远大于有机垫料，筛网堵塞导致其仅可维持3个月左右。

第三，沼气工程容积产气率下降。沙土垫料和沙砾垫料有所区别，沙土垫料不易分离，通常在奶牛粪污中以悬浊液的形式存在，如非添加絮凝剂，依靠重力沉淀仅可沉淀不足50%。无机垫料对沼气工程的发酵过程无任何提升作用，反而会减少有效物料含量，同时减少沼气工程的有效容积，经考察，使用沙砾或沙土卧床垫料的沼气工程运行5个月左右，发酵罐约1/3的容积已被沼渣和沉淀物填满。

第四，有机肥加工受到阻碍。如本案例所述，奶牛身体携带、刨坑带出的垫料随粪便进入有机肥加工环节。在槽式发酵过程中，含沙量大的牛粪经常出现不升温、不发酵的情况，即判定为发酵失败。即使发酵完成，也会出现有机质含量不达标的情况，无法进行商品有机肥出售。带沙的有机肥施用到农田中，会导致土壤养分下降、保水能力下降、沙化情况加重等情况，引起农户使用意愿下降，肥料售卖不佳。

第五，挤奶厅也一样会受到垫料的影响。挤奶厅是奶牛场另一个污水产生环节，而且污水总量并不小。一个500头存栏的集约化奶牛场挤奶厅污水的产生量可达到30米^3/天，一个5 000头存栏的集约化奶牛场挤奶厅污水的产量可达到300～500米^3/天，如果冲洗用水不进行控制，可达到800米^3/天。泌乳牛在挤奶厅里分为待挤厅、挤奶厅两个环节，等待时间在半个小时以内，在挤奶前需要对牛体进行清洁冲洗，冬季还需要采用一定温度的热水进行冲洗。黏附在牛体上的垫料通过冲洗进入污水环节，与待挤时奶牛排出的粪便混合，进入后续处理系统。经观测，本养殖场在改变垫料使用模式前，每栋挤奶厅后有一个沉淀池，沉淀池原本深1.5米，经长期利用已基本淤死，有效的深度仅余不到半米，还必须定期清理。混合沙土垫料的挤奶厅污水是无法单独处理的。

第六，贮存塘一般是奶牛养殖场必需的污水贮存设施（图14），主要用于越冬期肥水的贮存。在使用沙砾或沙土垫料的养殖场，贮存塘与沼气工程遇到一样的问题，有效容积随着使用时间逐渐下降。并且含有沙土的沼液或肥水的使用效果与含沙的有机肥一样，容易引起其他的问题。

图14　沙土垫料造成贮存塘内过多的沉淀物

第七，副产物产生新的威胁。一方面，沉淀下来的污泥、沙土混合物是一种很难利用的固形物。正常进料的沼气工程或A/O工艺产生的污泥或沉淀只要减少重金属含量，基本不存在利用问题，污泥脱水后还可以进行制砖等再利用。但含沙土的污泥脱水只能采用压滤的方式，叠螺磨损情况过于严重。压滤后的脱水污泥因含沙量大，无法作为肥料使用。

以上产生的问题，都是采用沙砾、沙土卧床垫料需要解决的，如果不能解决，则应改变奶牛卧床的垫料使用方式。从长远角度来看，外购无机垫料尤其是沙砾、沙土垫料的原料可掌握性差，易受到市场冲击，后续粪污处理环节压力大，属于使用效果好但因其他因素并不推荐的垫料种类。

（三）橡胶卧床垫料

1.原料简介

橡胶卧床垫料分为两类，一类是全橡胶、上表面带有不规则形状的橡胶板，厚度在15～20厘米，另一类是由橡胶板或橡胶颗粒、海绵垫层等材料组成的橡胶床垫。两类橡胶卧床垫料本身的弹性和表面设计的一定数量的按摩圆点可以避免奶牛长时间站立产生的疲劳，促进奶牛的血液循环，降低奶牛淘汰率。橡胶卧床垫料整体防滑性较好，可防静电，冬季温度下降较慢，夏季隔热，清洗时打扫表面后用水冲洗即可，更换容易，材料质量过关的情况下几乎无异味，是一种良好的卧床垫料（图15）。

图15　橡胶卧床垫料

橡胶卧床垫料基本全部由养殖场外购，价格易受到市场影响，同时铺设面积较大，使用成本高。

2.使用方法

（1）材料选择。橡胶卧床垫料主要评价有：无刺鼻气味，表面无气泡，无杂质，无飞边，无缺胶，无脱层，色泽一致，无局部缺陷，每块橡胶垫料应保证无开裂和明显老化现象。购买橡胶卧床垫料时应对比性能、价格、运输距离和售后服务等多项指标。国内常见橡胶卧床垫料主要有以下几种：①宽V形底橡胶卧床垫料（图16），采用SBR橡胶硫化而成，适用于全年龄段奶牛的使用，特别适用于栓系式的舍饲卧床，胶垫表面有防滑小菱形花纹，底面有大V形排水槽，设备安装简单，免维护，使用寿命长。②发泡卧床垫料，中层发泡层和表面高强橡胶层结合，设备安装简单，受环境湿度影响小，适用于单独卧床或者通铺卧床的情况。③胶粉板卧床垫料（图17），使用工业橡胶材料，采用特殊工艺压制成型，适用于青年牛、犊牛等未成年奶牛的卧床，可以切割成不同形状以便安装，且拥有多种厚度可供选择，适合单独卧床或者通铺卧床的铺设。④帕斯彻卧床垫料，这种卧床垫主要由弹性丰富的橡胶碎末和坚固的罩面层组成，既牢固耐用，又兼具橡胶材料的特征，可以直接安装在混凝土地上。

图16　宽V形底橡胶卧床垫料

图17　胶粉板卧床垫料

（2）垫料贮存。橡胶卧床垫料一般要求贮存在室内，避开炉具、散热器和直射阳光等直接热源，常温贮存即可。对于冬季最低温度低于−15℃的地区，贮存和搬运时应注意垫料变形、硬化。贮存时应该避开某些金属和合金，尤其是铜制品，避免出现橡胶垫料破损。应避免与一些隔离剂、黏合剂接触以避免出现橡胶垫料互相粘连。养殖场内应至少贮存铺设垫料用量的20%用于替换，避免出现更换真空期。

（3）垫料使用。橡胶卧床垫料的安装一般由垫料提供方进行安装和更换。

在日常进行维护时，可采用0.1%单链季铵盐类、0.2%～0.5%过氧乙酸、0.1%次氯酸钠等对卧床进行喷洒消毒。橡胶卧床垫料的消毒剂杀菌效率比其他垫料都高，同时有害微生物的生长速率也略低于其他垫料。

对于卧床上的粪污，应保持每天清理2次，可采用铲子、扫帚清扫后用少量清水进行清洗，对橡胶垫料表层铺撒干牛粪的可直接清扫入站槽，对铺撒沙子、沙土的垫料则应单独清理收集（图18）。

图18 橡胶卧床的清理

3.效果评价

（1）橡胶垫料使用效果。橡胶卧床垫料在5℃以上时，牛的趴卧时间能保持在10小时以上，卧床占用率达到50%以上；在－10～5℃条件下可达到12个小时左右，卧床占用率超过60%，整体的保温性能和抗应激效果好。单次趴卧时间与温度关系较小，基本维持在1个小时，但起卧次数较多，可达到10次。在使用过程中初始有害微生物含量最低，整体有害微生物增殖速度较低，隐性乳房炎患病率约4%，肢蹄病发病率约7%，总体评价使用效果好。但在使用过程中仍需要注意一些细节，如包覆式橡胶卧床垫料安装时覆盖折叠处容易损坏破开，导致海绵吸水后滋生有害微生物，海绵的收缩性会导致橡胶覆盖面折叠，缩短使用寿命；整体橡胶卧床垫料起始使用状态较好，长时间使用后失去弹性，奶牛起卧时容易导致四肢关节隆起部受到摩擦而引起关节的慢性炎症，最常见的是两后肢跗关节的慢性滑膜囊炎。东北部分地区出现过表面牛粪结冰导致奶牛滑倒的情况。

（2）橡胶垫料经济效益。橡胶卧床垫料的使用年限一般是3～5年，目前市场价格150～200元/米^{2}不等，但产品使用时属于一次性产品且无法产生其他有经济价值的副产物，一次性投资大，中小型养殖场可能难以长期负担。

（3）橡胶垫料环境效益。橡胶卧床垫料对奶牛舍内的环境具有明显的改善作用，对牛后肢、肢蹄、乳房和呼吸道的保护作用强于其他无机垫料，且清洗方便，无二次污染，属于环境友好型卧床垫料。但是无法在养殖场内形成资源化利用，在我国养殖场环境压力渐增的情况下，与一些有机垫料相比并不能占到足够的优势。

（四）其他无机垫料及液压移动床

1.简介

其他无机卧床垫料分为两种。第一种是对煤渣、陶粒等无机产品进行粉碎、柔化等加工后形成的卧床垫料。第二种是空气袋、水袋、泡沫袋等使用柔性材料填充的卧床垫料。煤渣、陶粒等无机卧床垫料受制于供应商，通常周边有火力发电站、集中供暖中心和耗煤企业时煤渣会成为主要垫料选择；填充式卧床垫料则受制于材料，需要高韧性、无毒害的包裹性材料，泌乳牛的体重一般在380千克以上，趴卧时填充式卧床垫料会产生较大形变，在使用过程中易出现破损，致奶牛摔伤。

液压移动床是新型的卧床，1995年由瑞典环境部、瑞典农民联合会、瑞典农业与环境工程研究所和瑞典农业大学联合研发并于近年在中国进行推广的一种机械卧床。移动床整体是一个由奶牛的体重驱动的自动清洁机器，当奶牛趴卧时液压系统回复原位，当奶牛离开牛床时通过液压启动装置带动卧床床体旋转，自动将粪污转移，达到即时清运、减少微生物繁殖、最终保证奶牛健康的目的（图19）。

图19　液压移动床

2.使用方法

（1）材料选择。煤渣、陶粒作为卧床垫料使用时主要考虑购货渠道的通畅，周边有长期生产煤渣的发电厂或工厂，使用陶粒的奶牛养殖场应尽量选择在原产地使用。在购买时应注意粒径的大小。一般情况下对于煤渣、陶粒卧床垫料来说，适宜范围应在0.5～1.7毫米，过大的煤渣和陶粒会导致奶牛趴卧不适，起卧次数多且趴卧时间短。煤渣和陶粒使用前应进行粉碎和过筛，尽量减少大型颗粒和尖锐碎块，同时筛掉过小的粉尘颗粒。

空气袋、水袋、泡沫袋等在选择时应严格把控包覆物的质量，使用前检查有无异味、老化、破损和断裂，使用过程中记录每批卧床垫料使用时限，对使用周期小于1个月的应选择放弃，常规使用寿命应保持在 3 ～ 6 个月，到期后再进行替换。

液压移动床在我国暂时还没得到大规模的推广，但在北欧地区尤其是瑞典使用较多。选择时需要根据养殖场的存栏量进行购买，一般需要预留 20% 的备用量，同时结合供货公司的维修时间来确定是否使用。购买时需检查液压系统、转轮、床体表面等部位的合格率，同时根据液压移动床尺寸改造牛舍的内部结构，适合于不超过 500 头泌乳牛的封闭式牛舍使用。

（2）贮存。煤渣、陶粒性质相对稳定，可进行长时间贮存，故奶牛养殖场内可建设用于贮存的大型仓库，贮存 1 ～ 3 个月的使用量。贮存仓库无特殊要求，框架结构或钢结构、砖砌地面或混凝土地面都可以满足要求，但由于煤渣、陶粒垫料的高吸附性，需要预防雨水、外源污染对煤渣、陶粒垫料的影响。贮存仓库应有防雨措施。

空气袋、水袋、泡沫袋垫料的贮存周期一般可达到半年以上，要求贮存在室内，避免阳光的直射，并避开如炉具、散热器等直接热源，常温贮存即可。填充式垫料对外界环境的热胀冷缩比较敏感，在贮存和使用时需要进行相应的保养，确保使用时不会出现断裂和泄漏。水袋在使用前应保持干燥，不宜直接注入过热的填充水。养殖场内应至少贮存铺设垫料用量的 20% 用于替换，避免出现更换真空期。

液压移动床的贮存主要是机械系统、构件和橡胶床体的保存。未拆封时应保证整个设备处于真空、干燥、阴凉的贮存环境，使用前检查液压传送系统和其他机械部件，如发现生锈、破损和断裂应即时更换或维修。

（3）煤渣、陶粒卧床垫料的使用。可直接采用人工或机械铺设方式，铺设高度一般为20厘米以上，铺设时必须及时清理在卧床中的粪尿。奶牛起卧时易形成高低不平的坑洼，需要人工平整卧床并及时补充垫料，保证卧床的清洁、平整和足量。

在日常进行维护时，由于煤渣、陶粒卧床垫料比表面积大，不易清洗彻底，常规消毒剂应严格控制喷洒的效果，消毒时间应控制在30分钟以上。煤渣、陶粒垫料的消毒、翻整周期，在北方地区春秋季节，建议为5～6天，在冬季为7～9天，在夏季为3～4天；在南方高湿度地区，夏季宜调整为2～3天，其他季节可基本一致。

对于卧床上的粪污，应保持每天清理1次，直接将卧床上靠近站槽的煤渣、陶粒卧床垫料与所含的粪便一起清出并运走，不应将清理出的垫料粪污混合物直接倒在站槽内与其他粪污混合。

（4）空气袋、水袋、泡沫袋卧床垫料的使用。一般直接铺设即可，无需严格钉装固定，在铺设前应严格清理卧床槽区并清理出杂质，不应有石子、尖锐块状物等。

在日常进行维护时，可采用0.1%单链季铵盐类、0.2%～0.5%过氧乙酸、0.1%次氯酸钠等对卧床进行喷洒消毒。空气袋、水袋、泡沫袋卧床垫料存在缝隙和死角，消毒时应该注意清洗这些地方，并冲洗干净。

对于卧床上的粪污清理时间应保持2天清理1次，可采用铲子、扫帚清扫后用少量清水进行清洗。

（5）液压移动床的使用。卧床系统要求地面形成1%～2%的倾斜率连接到清粪区域，把移动床的支架用螺栓固定在地面上，再安装上整个移动床支架和柔性面板。柔性面板表面是橡胶材质，内部密闭填充海绵、泡沫塑料等材质。单台液压移动床安装时间为30～50分钟，减少30%混凝土建设用量。

在正式使用时，移动床表面需要添加1～2厘米的锯末、干牛粪等其他垫料，为奶牛提供更柔软舒适的趴卧环境（图20）。

图20　液压移动床上铺设其他垫料

在日常维护时，无需专门通过人工清理卧床。当奶牛站立在液压移动床上时，移动床保持停止状态，满足奶牛休息的环境；当奶牛起卧离开卧床时，液压系统开始工作带动齿轮旋转，使柔性面板向后移动1/3的长度，将卧床末端带粪污的面板移动到移动床下面的粪沟上，通过自由落体和设置在床体上的毛刷、刮板使粪污落在粪沟上，再通过粪沟内的刮粪板清走。整体卫生情况良好，常规消毒剂进行每2～3天一次的喷洒消毒，底部粪沟内的刮板每1～2天启动一次，将粪污刮到场区外。人工清理只是辅助性清理，用清水冲洗或刷子刷净床面并重新铺设表层垫料即可。

3.效果评价

（1）使用效果。①煤渣、陶粒卧床垫料经过高温燃烧，达到了高温灭菌的效果，不容易引发奶牛疾病，同时有极强的吸水性，能快速吸收牛粪中的水分，减少污染的面积；煤渣、陶粒性状松散，被污染的牛体和乳房只要稍加刷拭即可清理干净，减少病菌侵袭乳房。用煤渣、陶粒作为卧床垫料时，病菌型乳房炎发病率比混凝土磨面牛床低13%，比木板床低14.5%，比石板床低15.2%。目前国内奶牛场较少使用煤渣、陶粒作为卧床垫料，主要原因是购买渠道较少和价格较沙粒卧床垫料价格高。煤渣、陶粒卧床垫料在实际使用时牛体的清洁程度低于沙砾垫料，比沙土垫料好，但也曾有煤渣颗粒的棱角刮伤牛后肢、乳房的情况，尤其是在奶牛靠前肢弯曲趴卧时，该阶段奶牛牛体无任何支撑和缓冲，完全靠重力下降；奶牛趴卧时可能会扬起粉尘，对奶牛呼吸系统有潜在的危害。②空气袋、水袋、泡沫袋卧床垫料的使用效果取决于这类垫料的形变程度。当空气袋、水袋、泡沫袋卧床垫料形变高度超过20厘米时，奶牛的上床意愿就会降低，经观察奶牛试探卧床时会因为垫料的形变产生畏惧感。实际使用过程中还出现过较大形变导致奶牛摔倒或扭伤关节的情况。当形变不大时，奶牛的上床率略高于橡胶垫料，但冬季低温使用情况较橡胶垫料差。③液压移动床不需要能耗，没有马达产生的噪声，依靠本身的机械运动进行清理，实现了每头奶牛的粪污彻底清理、卧床内基本无残留粪污，有利于奶牛舒适度的提升。在细菌增长方面，移动床使用9小时后表面菌群检测数值远低于橡胶垫，使用时间越长，移动床的优势就越明显。同时，移动床虽然仍需要铺设一定量的锯末、干牛粪作为表层垫料，但大大缩减了其他垫料的贮存容积和购买量。

（2）经济效益。①即使位于陶粒的原产地，这种常见污水处理填料的价格也居高不下，导致养殖场一般使用下脚料当作卧床垫料，质量不能保证。而煤渣的使用，由于火力发电站的逐渐减少，全国尤其华北地区的冬季燃煤使用率下降，原料的取得难度已经比较高。而煤渣作为三合土等建筑材料的价格也逐渐上升，经济价值超过作为卧床垫料的价值，只有在养殖场自己使用燃煤的时候才会偶尔作为垫料。②小型空气袋、水袋、泡沫袋卧床垫料的市场价格目前为0.5～2元/个不等，大型空气袋、水袋的价格在12～20元/个不等，价格较高，产品使用时属于一次性产品且无法产生其他有经济价值的副产物，一次性投资大，不适合大规模使用和更换。③液压移动床的使用被限制在经济和维护环节。一方面，移动床的整体投资非常高，按瑞典方提供的数据显示，一台供奶牛使用的液压移动床的含安装售价近1万欧元，折合人民币8万元。一个250头泌乳牛的集约化奶牛场如果为所有泌乳牛购置牛床，则需要投资近2 000万元，价格过于昂贵。另一方面，由于整个液压移动床的维护体系并没有在中国设点，后期维护困难，无法做到类似北欧国家养殖设备的维护效率，影响奶牛场正常运行。

（3）环境效益。①煤渣主要成分是二氧化硅、氧化铝、氧化铁、氧化钙、氧化镁等，使用时除了可能会产生少量含硫气体外，并不会对牛舍环境造成其他不良影响。陶粒作为一种环保填料，对环境影响也比较小。但两种无机材料对后续粪污处理设施具有增大磨损、减少池体有效容积、降低有机肥肥效等不良影响，使用时应慎重考虑。②空气袋、水袋、泡沫袋卧床垫料对奶牛舍内的环境具有优良的改善作用，且清洗方便，无二次污染，属于环境友好型卧床垫料。但是与橡胶垫料相比，覆盖面积不足，柔性过高；垫料使用后与整体的畜禽粪污关系较小，无法在养殖场内形成资源化利用，在我国养殖场环境压力渐增的情况下，与一些有机垫料相比并不能占到足够的优势。③液压移动床对奶牛舍内的环境具有明显的改善作用，确保每只奶牛之间无交叉感染问题，每只奶牛趴卧时都有一层干净的垫料使用，无二次污染，如在固液分离角度进行改进，可形成一种优秀的环境友好型卧床模式。

4.可行性分析

虽然国内外都在提倡减少奶牛抗生素、兽药的使用，但只要牛舍内保持80％以上的养殖密度，乳房炎、肢蹄病和其他一些疾病的患病率就不会大幅度减少。无论使用何种消毒方式、管理方式，也只能控制。那么回顾自然环境或放牧式养殖过程中，奶牛为何能保持更健康的状态？液压移动床的发明者觉得，在自然环境下，当奶牛排泄粪便后就迅速离开粪便，其他奶牛也会相对远离其他奶牛排泄出的粪便，依靠这种方式，疾病之间的交叉感染概率就大大下降了。但在集约化养殖的情况下，这种方式受到牛舍投资的限制。芬兰、瑞典的小型奶牛养殖场已经大规模采用漏缝地板的养殖模式，可以很好地控制住站槽及奶牛活动场所粪便的交叉感染，但对卧床还是无法控制，使用任何垫料都不能阻止一头奶牛在卧床上排泄，也不能阻止另一头奶牛继续在卧床上趴卧。

基于对自然环境下奶牛运动模式的思考，瑞典农业部门和大学联合开发了液压移动床，将奶牛的运动模式从舍外转移到舍内，力争从根源上优化奶牛舍的环境卫生。

相较于其他的无机垫料，液压移动床的清粪效果可能更好。虽然国内暂时还没有使用的例子，但是经过向奶牛养殖场主了解的情况来看，限制场主选择的主要原因还是价格问题，对其技术都表示感兴趣。从技术层面来说，正常奶牛管理时，想要保证每头奶牛的粪便及时清运、不相互交叉，奶牛蹄部时刻保持干燥性和清洁，几乎是不可能的，即使实现也需要投入大量的人工维护。液压移动床通过机械系统的自动化运行，解决了人力成本问题。据液压移动床推广资料的介绍，其每个移动床平均手动清洗时间约15秒，更换表层垫料时间约12秒，每天12次清洗及替换卧床垫料的年投资不足1 000欧元（图21），在中国这个价格会更低，对于一个存栏200头左右的奶牛养殖场来说，是可以接受的。

图21　国外养殖场使用的液压移动床

　　限制液压移动床在中国推广的原因有很多，主要有以下几点。

　　（1）对新建牛舍有利，但对于已经建设完成的奶牛养殖场再去大规模修改牛舍结构已经不可能了。我国现在大多数集约化奶牛场还是选择自由卧床，卧床地面夯实后再做一层5～8厘米的混凝土卧床地面并呈3%的坡度，卧床高于地面5厘米。如果要使用液压移动床，首先需要将现有卧床拆除后改为粪污沟，同时建设移动床放置框架。由于我国现有存栏1 000头以上集约化奶牛场的牛舍长度一般在60米以上，宽度在16米，粪污沟中还需要布置刮粪板并解决维护问题。

（2）液压移动床需要配合漏缝地板才能实现大部分粪污的及时清运，而我国存栏300头以上的集约化奶牛场很少采用全封闭式牛舍，如果使用水泡粪猪舍进行改造，建筑结构强度达不到使用要求。

（3）国内现代化奶牛养殖的进程还没有深入这个环节。北欧国家的奶牛养殖已经基本实现了喂料自动化、垫料铺设自动化、饮水自动化、挤奶自动化和清粪自动化，产业基础比较好，而国内奶牛养殖场现阶段还处在饮水自动化、喂料自动化阶段，挤奶自动化尚未普及，清粪机器人仅在数个示范养殖场使用，不具备代表性。

（4）价格和维护问题无法到位。按照以往无国内维护商的进口仪器设备维护情况来看，更换配件至少需要半个月左右的时间，更换整个设备的等待时间更长。国内奶牛养殖区域大，较为分散，很难形成维护产业线。液压移动床的价格也是影响其推广的原因，虽然维护价格比较低，但设备价格对于私营奶牛场还是无法接受。

综上所述，液压移动床的技术方向是正确的，技术本身也经过了实践的验证，但在国内推广的道路仍比较漫长。

三、有机卧床垫料

本部分重点介绍奶牛场使用的有机卧床垫料的原料、使用方法和使用效果。有机卧床垫料主要分为秸秆卧床垫料、副产品卧床垫料和牛粪卧床垫料。有机垫料的使用需要较为严格的环境控制、垫料更换技术。从投资角度来说，秸秆卧床垫料、副产品卧床垫料的投资主要在原料，而牛粪卧床垫料的投资主要在处理环节，有机垫料可以较好地参与后续的粪污处理环节，基本不会产生不利影响，是一类环境友好型垫料，牛粪卧床垫料则是其中最受关注的。本部分的最后对英国牛粪卧床垫料的使用规范进行了介绍。

（一）秸秆卧床垫料

1.原料简介

秸秆类卧床垫料来源广泛，大面积的小麦、水稻、玉米和其他粮食作物种植区都可以提供大量的秸秆。据统计，我国的农作物秸秆资源年产量达6.5亿吨，除了直接还田、燃料利用以及作为饲料外还有约20%无处理途径。相较于无机垫料的使用情况，秸秆卧床垫料基本不会导致腹泻等情况。瑞典曾调研过共计20个奶牛场的约700头奶牛，经数据统计分析后显示，使用秸秆作为卧床垫料时，牛后肢、乳房部位的卫生情况要强于其他有机卧床垫料，奶牛肢蹄的磨损也比较小。从整体环境效益来分析，秸秆卧床垫料的奶牛场福利是可接受的。但在正常使用过程中，主要问题并不在使用前后，而是卧床垫料的保存时间过短、容易出现发霉、腐烂等现象，现阶段成母牛使用情况比较少，一般用于犊牛（图22）。

图22 犊牛秸秆卧床

2.使用方法

（1）材料选择。秸秆是成熟农作物茎叶（穗）部分的总称。通常指小麦、水稻、玉米、薯类、油料、棉花、甘蔗和其他农作物在收获籽实后的剩余部分。

但对于奶牛来说，棉花、油料等秸秆不够柔软、干燥；同时薯类、甘蔗等其他农作物的秸秆含水率又过高，易滋生有害微生物，腐烂速度也快于其他垫料。可选择的卧床垫料种类应为小麦、水稻和玉米秸秆。

（2）垫料贮存。秸秆卧床垫料需要从源头开始收集。一般在田间或交通便利的场地进行打捆收集，成方形垛或圆垛，便于降低运输成本。打捆收集前的秸秆应在田间晾晒数天，这段时间用于干燥秸秆、消毒秸秆表面。

对于机械化程度高的地区，可采用粉碎后直接收集，或者采用打捆机进行捡拾、打捆并收集。如，采用带秸秆切碎和抛撒功能的联合收割机或者在全喂入联合收割机出草口处装配专门的秸秆切碎抛撒装置进行联合收获作业，一次性完成水稻切割喂入、脱粒清选、收集装箱、秸秆切碎抛撒等多道作业工序；然后，采用打捆机将其在田间直接收集打捆，或者先采用打捆机将秸秆收集，然后再采用固定式打包机将收集的秸秆进一步压缩，便于秸秆运输和储存。

收集后的秸秆通常需要在阴凉、通风处进行晾晒，注意不要在阳光下暴晒，暴晒后的秸秆变脆易折，可能在使用时刺伤牛蹄和牛乳房。秸秆不宜晾晒过干，水分应不超过20%，这样既利于秸秆的品质，又有助于运输和贮藏。当水分超过20%时，若温度适宜，微生物就可能繁殖，使秸秆慢慢腐烂、发霉；晾晒过干。当水分小于12%时，秸秆一碰即碎，降低其韧性，在运输，堆积贮藏时，很容易使茎叶折断、破碎或脱落，并且水分过低使秸秆与粉碎机主要工作部件的摩擦增大，影响机具的寿命。

秸秆在收集后一般在奶牛养殖场内储藏，避免因农户储藏不当引起的霉变、发酵等情况。要求秸秆堆放整齐，并能防雨、雪、风的侵害；为保证粉碎等设备的生产效率和使用寿命，原料中不允许有碎石、铁屑、沙土等杂质，无霉变；还必须在原料场周边禁止烟火。要设置安全员，定时巡查原料场，及时消除火灾隐患，保持原料场消防车道的畅通和工具完备有效。

秸秆堆垛的长边应当与当地常年主导风向平行。秸秆堆垛后，要定时测温。当温度上升到40～50℃时，要采取预防措施，并做好测温记录；当温度达到60℃时，须拆垛散热，并做好防火准备。对于水稻、小麦等易发生自燃的秸秆，堆垛时需留有通风口或散热洞、散热沟，并设有防止通风口、散热洞塌陷的措施。当发现堆垛出现凹陷变形或有异味时，应当立即拆垛检查，清除霉烂变质的秸秆。

秸秆存储场地应按照有关规定设置消防设施，配备消防器材，并放置在标志明显、便于取用的地点，由专人保管和维修。秸秆存储场的消防水池、消火栓、灭火器，在寒冷季节应当采取防冻措施。消防用水可以由消防管网、天然水源、消防水池、水塔等供给；有条件的，宜设置高压式或临时高压给水系统。

（3）垫料使用。秸秆卧床垫料的使用可通过人工铺设或机械铺设的方式进行。在使用前首先对秸秆进行粉碎，集约化奶牛养殖场使用时一般将玉米秸秆粉碎至3厘米以下，水稻、小麦秸秆粉碎至5厘米以下，粉碎后尽可能进行扬尘处理或抖筛，减少细小颗粒。因秸秆卧床垫料的蓬松性，铺设后高度一般需要在40厘米以上，经奶牛或机械压实后保证在20厘米以上。奶牛进出卧床时会带出部分秸秆垫料，需要人工平整卧床并及时补充垫料，保证卧床的清洁、平整和足量（图23）。

图23　简易犊牛秸秆卧床

在日常进行维护时，秸秆卧床垫料需要添加和更换整个垫料层。更换垫料层的周期建议不超过10天，室外温度在5℃以下时可以延长至20天。更换垫料层应与铺设新垫料间隔40分钟左右进行，同时避免卧床的凹槽磕伤、绊倒奶牛。人工彻底清除卧床内的秸秆垫料后可采用0.1%单链季铵盐类、0.2%～0.5%过氧乙酸、0.1%次氯酸钠等常规消毒剂进行消毒。为了保证消毒效果，要求彻底湿润表面，作用时间在30分钟以上。

对于卧床上的粪污清理时间应保持每天清理2～3次，如与刮板或机械清粪同步进行，可混入站槽粪污一起清理出。

3.效果评价

（1）秸秆垫料使用效果。秸秆卧床垫料总体使用效果要比其他有机垫料稍好，尤其是在保证卧床和牛体清洁方面，较长的垫料不易粘在奶牛后肢，也能保持卧床的整体性。但在长期使用过程中容易滋生有害微生物，尤其是大肠杆菌数量较其他有机垫料高，需要定期彻底更换。但国外一些研究显示，在犊牛舍内铺设秸秆，可以有效减少犊牛粪便的氨挥发作用（图24），部分国外牧场正在试用类似浅层发酵床的模式，

图24　犊牛舍内秸秆卧床垫料

即在牛舍站槽中每天铺设一层秸秆垫料，奶牛在垫料上进行排泄，一周左右将垫料与秸秆全部清理用于堆肥，实验阶段也取得了良好的效果。

（2）秸秆垫料经济效益。经济效益是限制秸秆卧床垫料的主要原因。一方面，秸秆作为有机肥生产、燃料、食用菌基质的主要成分，可产生的附加值要远大于作为卧床垫料，农户在选择时一般会选择经济效益更高的方式，如奶牛养殖场自己种植，需要的秸秆量过大，自有农田无法满足稳定的使用周期，大部分玉米秸秆还需要进行青贮，无法成为垫料。另一方面，秸秆的市场价周期导致奶牛养殖场使用费用提高，以北方秸秆收储运为例，秸秆在收储高峰期收购价在150～180元/吨，在收储低谷期可高达380～420元/吨，但奶牛场使用秸秆是全年使用，如果为了降低收购价大量购买，又会导致贮存占地过大、霉变概率上升以及防火等使用难题。

（3）秸秆垫料环境效益。秸秆卧床垫料的使用可优化奶牛养殖场及周边农田环境。秸秆卧床垫料不会对整个舍区环境造成不良影响，即使进入粪污处理系统也可以与粪便或污水进入有机肥发酵或沼气工程环节，提高碳源含量，一定程度上提升有机肥发酵和沼气工程的使用效率。秸秆卧床垫料的主要磨损环节在前期粉碎阶段，使用后的秸秆柔软度提高，基本不会对后续固液分离机、搅拌器造成不良影响，同时由于前期进行了粉碎，不会形成过长的草秆缠绕搅拌杆或分离机主轴。

由于使用了秸秆作为卧床垫料，周边农田避免了焚烧秸秆的困境，同时与奶牛粪污混合后的秸秆稍加堆积发酵即可形成品质良好的土壤改良剂，或添加一定量的氮磷钾形成优质有机肥，促进区域内的种养一体化进程。

（二）副产品卧床垫料（稻壳、锯末）

1.原料简介

（1）稻壳。稻壳是稻谷外面的一层壳体，长5～10毫米，由外颖、内颖，护颖和小穗轴等几部分组成，外颖顶部之外长有鬓毛状的毛。正稻壳则是由一些粗糙的厚壁细胞组成，其厚度为24～30微米，稻壳富含纤维素、木质素、二氧化硅，灰分含量约20%，是一种优质的生态床垫料和卧床垫料（图25）。

图25　犊牛稻壳垫料卧床通铺

稻壳是很好的卧床垫料，具有良好的透气性和吸附性。稻壳的主要成分因品种、产地、加工方法不同而有较大差异，一般其含水量为12%左右，含碳36%，含氮0.48%，含磷0.32%，稻壳与稻草的营养物质组成情况大致相似，但稻壳的硅酸盐含量比稻草要高得多。稻壳含碳水化合物比例比锯末低，灰分比锯末高，是较难发酵的有机物料之一，使用效果和寿命次于锯末。稻壳不宜粉碎，一般不用担心过湿和霉变。

（2）锯末。锯末是指在进行木材加工时因为切割而从树木上散落下来的树木本身的粉末状木屑，是最佳的发酵床垫料和较好的卧床垫料。锯末疏松多孔，保水性最好，透气性也比较好。主要采用尺寸为5～20毫米筛网进行筛选，成品为颗粒、粉末或纤维状。锯末是优秀的花卉种植基质、生物炭原料和加工业原料，具有重量轻、强重比高、弹性好、耐冲击、纹理色调丰富美观、加工容易等优点，出售价格一直较高（图26）。

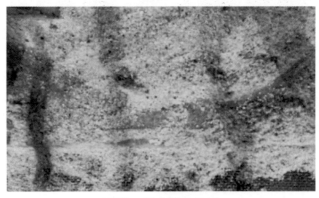

图26　锯末卧床垫料

2.使用方法

（1）材料选择。稻壳是稻米加工过程中数量最大的农副产品，按重量计算约占稻谷的20%，在选择稻谷作为卧床垫料时首先应核算区域内稻壳产量是否能满足养殖场需求，计算公式如下：

K =（稻谷种植面积 × 预计产量 × 稻谷占总重比例 × 年种植批次 − 地区内其他使用稻壳技术的用量）/（牛床数量 × 365天/全部更换一次单个牛床的周期）

当K值大于1时建议使用稻壳作为垫料，当K值小于1时建议不选择稻壳或与地方其他企业协商分配稻壳使用量。

稻壳要求干燥、无霉烂、呈金黄色，粒径不宜过小，使用前应清理掉碎末与杂物，并过筛分拣，选择粒径不小于3毫米的稻壳。

锯末来源广泛，原料可来自各种野杂树、松树、杉木、桉树以及简单粉碎的小灌木等，没有锯末的地方可以购买不值钱的木材简单粉碎即可，市场上有各种型号的木材粉碎机销售，取材相对简单。

但要注意不得使用有毒树木的锯末，不使用含胶合剂或防腐剂的人工板材生成的锯末，锯末不可太细，长度一般大于3毫米，否则易产生粉尘影响奶牛呼吸。对于湿度大的锯末可提前暴晒1~2天，可以杀死锯末里的虫卵及有害微生物，同时除去锯末中的水分。

（2）垫料贮存。稻壳作为卧床垫料使用时，贮存周期一般在3～6个月，长时间的贮存要求贮存设施达到一定标准。影响稻壳贮存的主要因素包括水分、湿度、杂质和温度。当环境湿度较高或运输过程中淋雨、浇水后，稻壳极易升温、发霉和变质，而贮存时内部含杂草、叶片、昆虫尸体等带细菌、易吸湿、易发热、易腐烂的杂质时，会使堆垛发热、生霉。高温带来的环境微生物发酵也容易引起稻壳变质。

根据影响因素，稻壳的贮存要求干燥、避光、通风、相对低温。贮存仓库地面要求防潮，在地面铺设纤维板或泡沫板隔热防潮，禁止露天堆放，定期进行摊晒、消毒，并在周边做好消防设施。

锯末条件基本与稻壳一致，无特殊要求。

（3）垫料使用。稻壳、锯末作为卧床垫料时可采用机械铺设的方式进行，从贮存间内取出垫料后均匀的抛撒在卧床上即可。机械操作完成后再使用人工耙匀、平整，垫料要求向上呈一定坡度，方便奶牛上下卧床。铺设后高度一般需要在25厘米以上，经奶牛趴卧后在20厘米以上。奶牛进出卧床时会带出较多的稻壳、锯末垫料，需要人工平整卧床并及时补充垫料，保证卧床的清洁、平整和足量。如结合橡胶垫使用，则只需要铺设表面3～5厘米即可（图27）。

锯末吸水性较强，容易黏附在牛体上，需要在挤奶前或定期清理牛体，保持清洁，避免滋生有害微生物。

在日常进行维护时，稻壳、锯末卧床垫料需要添加和更换整个垫料层。更换垫料层的周期建议不超过

图27　橡胶卧床垫与锯末共用

6天，在室外温度在5℃以下时可以延长至15天。更换垫料层与铺设新垫料应间隔40分钟左右进行，严禁带牛更换。消毒方式与秸秆卧床垫料一致。

对于卧床上的粪污，应保持每天清理2～3次，如与刮板或机械清粪同步进行可混入站槽粪污一起清理。

3.效果评价

（1）副产品垫料使用效果。稻壳、锯末卧床垫料柔软，使用效果较好，奶牛趴卧时间达8小时以上，起卧次数比无机垫料少，而且冬季保温效果好。但使用前含菌量如大肠杆菌等较秸秆垫料高，尤其使用小颗粒的稻壳、锯末卧床垫料时牛体洁净度较低，需要定时清理，尤其容易附着在奶牛乳房周边，易引发乳房炎等疾病，磨损性肢蹄病较少，但感染性疾病较多。使用稻壳、锯末时撒、漏情况较大，且与粪污混合情况严重，需要及时补充和清理。

（2）副产品垫料经济效益。稻壳、锯末卧床垫料的经济效益根据区域不同有所区别。对于水稻产地或木材加工地区来说，稻壳、锯末卧床垫料的使用可行性较强，但由于稻壳、锯末是作为其他高附加值加工业的可选原料，且可再生性强，环境影响小，是优质原料，导致奶牛养殖场采购垫料时竞争性不足，价格过高难以承受。以稻壳为例，一般售价在300～400元/吨，与秸秆售价高峰期时持平，一般用于板材、气化、元素提取等高附加值加工，奶牛场作为垫料使用时市场压力非常大。而锯末虽然可以通过购买粉碎机自制，但总体价格并不比稻壳便宜，使用成本过高。

（3）副产品垫料环境效益。稻壳、锯末卧床垫料不会对整个舍区环境造成不良影响，即使进入粪污处理系统也可以与粪便或污水进入有机肥发酵或沼气工程环节，提高碳源含量，一定程度上提升有机肥发酵和沼气工程的使用效率。

（三）牛粪卧床垫料

1.原料简介

奶牛作为大型的哺乳动物，粪便的日均排放量在所有集约化养殖畜禽中是最大的，一头成年牛的日均粪便排放量是鸡的75倍，是同为哺乳动物的猪的6

倍。2015年我国奶牛存栏数量达到1 460万头，产生粪便总量约1.2亿吨/年，如此大量的粪便既是一种环境危害，也是一种被浪费的资源（图28）。

图28　收集好的牛粪

经过奶牛肠道排出的自然状态牛粪质地细密，碳氮比约为21∶1，含水量在85%左右，烘干后的干牛粪中粗蛋白质含量占10%～20%，粗纤维占15%～30%。

牛粪中微生物含量丰富，且有多种有害病菌。根据WHO（世界卫生组织）和FAO（联合国粮农组织）发布的相关数据，牛的人畜共患病有26种。牛粪是病原菌的最主要载体，主要威胁奶牛健康的是引发乳房炎的主要细菌——大肠菌群（包括大肠杆菌和克雷伯氏杆菌）和环境链球菌。牛粪中的病原微生物在自然状态下可以存活许久并维持其感染性（表1）。此外，粪堆中还含有许多寄生虫卵。

表1　牛粪中常见病原体及高温下存活力

名　　称	高温下存活力
伤寒杆菌	60℃，30分钟内死亡
沙门氏菌属	60℃，20～30分钟内死亡
大肠杆菌	60℃，20～30分钟内死亡
布鲁氏菌	65℃，3分钟内死亡
酿脓链球菌	54℃，10分钟内死亡
化脓性细菌	50℃，10分钟内死亡
牛型分枝杆菌	55℃，45分钟内死亡
口蹄疫病毒	60℃，15～20分钟灭活

　　牛粪中含有大量的纤维素、半纤维素和木质素成分，具有转化为奶牛卧床垫料的潜能。同时，随着我国奶牛养殖集约化的不断发展，其产生的大量粪污已成为影响牧区环境、制约牧场生产的主要问题。对于某些牧场来说，牛粪不能妥善处理，污染问题严重。此外，卧床垫料舒适度直接影响奶牛的休息和反刍，目前传统垫料因资源短缺而价格不断攀升，寻找优质、舒适、价廉、环保、可再生的安全垫料来源已迫在眉睫。所以针对以上现象，对牛粪进行适当处理后用作卧床垫料已成为牛粪综合循环利用的研究热点，并被应用于国外许多牧场。

2.牛粪表状分析

　　奶牛是一种随意排泄的动物，在牛舍中任何区域都可能排泄，不具有和生猪养殖类似的诱导性排泄。奶牛是畜禽中排粪量最多的动物，成年母牛的产粪量可达采食量的60%以上。通过粪便的性状，可以粗略分析出一头奶牛的身体健康程度，病牛的粪便不能作为卧床垫料的生产原料。

正常奶牛的粪便一般软而成型，不溏稀，呈螺旋上升的硬饼状，颜色为棕绿色，无异臭。决定奶牛粪便情况的因素有多种：

（1）理想的粪便应表现为奶牛消化掉大部分饲料，如果粪便中含有大量未能消化的饲料、谷物，说明奶牛的瘤胃发酵功能不健全，或主要发酵位置在后肠和大肠，奶牛营养吸收不均衡或存在缺陷。如果奶牛粪便较稀或者恶臭，应调整饲料中精饲料和粗饲料的比例，同时减少蛋白质的含量。

（2）奶牛采食谷物成分较多的日粮时，粪便应呈黄褐色，如果粪便表面有白色斑点，说明有未消化的淀粉，奶牛消化系统有较小的病变。

（3）奶牛腹泻时粪便一般呈灰褐色并过稀，如呈黑色或带血丝，通常由肠炎、结核和副结核病引起肠道出血导致；呈浅绿色或浅黄色则可能有细菌感染；如粪便中黏液较多，说明奶牛的消化系统具有慢性炎症或肠道受损未恢复；粪便中一般不应有气泡，如果有较多气泡则说明奶牛可能乳酸中毒或后肠发酵过度。

（4）奶牛排便应顺畅、有规律，无痛苦症状。如出现失禁现象，可能是由痢疾、脊椎损伤或发炎、脑炎等疾病引起。如排便时奶牛表现痛苦、背部弓起甚至嘶叫，通常是由创伤性胃炎、肠炎、瘤胃积食、便秘、肠道错位引起的。

3.前处理工艺

奶牛场牛粪含水率可达85%，为了方便清运、处理，通常还会使用外加水、循环水或回用污水对管道进行冲洗，减小牛粪的黏稠度，但同时也使牛粪变成含水率达95%以上的粪污混合物，无法直接利用。即使是干清粪模式，由于奶牛粪便呈被胶体包裹的密网状结构，直接晾晒的效果也并不明显。因此固液分离就成了降低牛粪含水率、制作卧床垫料的前处理工艺。

固液分离是从水或废水中除去悬浮固体的过程。从废水中除去固体一般采用筛分或沉淀方法。污泥处理中采用的分离方法有重力浓缩、浮选及机械脱水。水处理中有微滤、澄清和深床过滤等方法。把固体和液体分开的过程都是固液分离，方法非常多，如沉降、过滤、膜过滤、压滤、抽真空、离心等。

从原理上讲，固液分离过程可以分为沉降、过滤、离心三种方法，其工作原理如下：沉降式依靠外力的作用，利用分散物质（固相）与分散介质（液相）的密度差异，使之发生相对运动而实现固液分离的过程；过滤式以某种多孔性物质作为介质，在外力的作用下，悬浮液中的流体通过介质孔道，而固体颗粒被截留下来，从而实现固液分离的过程；离心是利用装置所提供的惯性离心力的作用来实现固液分离的过程。对常见固液分离技术的评价见表2。

表2　常见固液分离技术评价

分离方法	评价指标					
	出料含水率（%）	处理能力（米³/小时）	TS（总固体）去除率（%）	适用范围	主要应用	缺陷
离心机	65	5	75	固液密度差大	污泥	价格、运行昂贵，不能处理密度差小的产品
斜板筛分	70	19	50	TS≤5%	猪粪	筛孔易堵，出料含水率高
振动挤压	53	15	65	TS≤10%	猪粪	TS大于10%时效果差
螺旋挤压	65～75	10～20	40	TS在3%～8%	牛粪	出水污染物指标上升

固液分离系统一般包括：

（1）收集系统。采用固液分离系统时一般选择水冲粪模式，利用管道、暗渠将粪污输送至固液分离系统。根据奶牛养殖场养殖量可选择DN300至DN1500的管道，材质可选用PVC、混凝土承插管、双壁波纹管等，一般需要通过3吨以上农业用车时使用混凝土承插管。选择DN600以下管道时需要另外添加冲洗水以避免管道堵塞，或将铺设坡降调整为0.5%以上，选择DN600以上管道时铺设坡降不小于0.3%。每栋牛舍后设置收粪口，底部与管道平齐，顶部应位于牛舍屋檐内以避免雨水进入。选择使用暗渠时应确保暗渠建设高度高于地面以避免雨水流入，并设置渠盖板。渠内输送根据养殖场大小选择是否使用外源水冲洗。

（2）固液分离池。固液分离池的作用是收集场区内的粪污，进行混匀，使固液分离机稳定工作。固液分离池应选择钢砼结构建设，砖混结构在运行时易出现粉砖、破损等情况，导致污水泄漏。固液分离池一般有圆形、六边形和方形等建设方法，应尽量防止池内形成死角而导致固体沉积物堆积。池内应设置1～2台搅拌器，并适当提升功率，使池内的粪污得到充分匀浆，避免出现物料沉底（图29）。

图29　固液分离池

（3）固液分离机。固液分离机可以选择悬挂在固液分离池上方或侧边，距离固液分离池不超过10米。固液分离机运行时，先通过带切割功能的潜水泵将粪污提升至固液分离机内（因奶牛场粪污中存在大量未消化完全的饲草，带切割功能可避免长秆干物质将潜水泵堵塞），通过绞笼将粪污逐渐向前推进并提高机器内的压力，迫使粪污中的水分在带滤的作用下挤出筛网，流入排水管。固液分离机连续工作时，粪污不断进行分离，前端压力不断增大，最终将出料口顶开并挤出干物质（图30）。

图30 筛分式固液分离机

选择固液分离机时按以下需求进行选择：是否能满足处理奶牛养殖场日产污量的需求，可购置多台同时运行；固液分离机的设备材料是否能满足抗奶牛粪污高盐、强腐蚀性的要求；是否需要自动清洗功能；场地是否能满足固液分离机所需空间；根据分离粪便的需求选择适当的筛网，并进行筛网质量检验，要求单片筛网的使用寿命不能低于3个月。出料干物质含量达到垫料要求；维护方便，配件容易购买；应进行功率成本核算。

4.加工方法——固液分离后自然堆积发酵制作垫料

（1）工作原理。自然堆积发酵的主要工艺是好氧堆肥。好氧堆肥是固液分离后的牛粪在氧气充足的条件下，依靠自身和环境中的好氧微生物对废物进行吸收、氧化以及分解的过程。好氧微生物通过自身的生命活动，把被吸收的一部分有机物氧化成简单的无机物，同时释放出可供微生物生长活动所需的能量，而另一部分有机物则被合成新的细胞质，使微生物不断生长繁殖，产生出更多生物体。好氧堆肥的堆温较高，一般宜在55～60℃，利用高温杀死牛粪中的病原菌及杂草种子，使牛粪稳定化。经研究表明，好氧发酵完成的速率及微生物杀灭情况与曝气量有很大关系，曝气量较高时芽孢杆菌的繁殖速度加快，大肠杆菌的数量减少。

好氧堆肥是一个变温过程，嗜温菌和嗜热菌分别在不同温度阶段发挥主要作用，最适温度分别为30～40℃、50～60℃。升温和降温阶段的堆肥体系温度一般低于45℃，此阶段以嗜温菌为主；高温阶段的堆肥体系温度一般为45～60℃，此阶段嗜温菌活性受到抑制或死亡，数量变少，嗜热菌数量增多并占主导地位。研究发现，嗜热菌对有机固体废物的降解能力明显高于嗜温菌，可通过维持一定时间的高温，充分发挥嗜热菌对有机固体废物的降解能力，缩短堆肥周期。

（2）工艺流程。

原料预处理：由于原料来自固液分离系统，基本不需要进行粉碎。同时，牛粪堆积发酵制卧床垫料并不需要将牛粪发酵到可以还田的地步，所以无需调节牛粪中的碳氮比和添加外源物质，只需保持一定的含水率，并确保没有杂物（如玻璃、金属、塑料等）进入发酵堆即可（图31）。

图31　牛粪堆积发酵

发酵阶段：一般有机肥发酵需要经过两次发酵过程，周期在30～40天。第一次发酵是好氧堆肥的中温与高温两个阶段的微生物代谢过程，具体是原料通过微生物的作用，从发酵开始，经中温、高温然后温度开始下降的整个过程，一般需要10～12天，高温阶段持续时间较长。第二次发酵指物料经过一次发酵后，还有一部分易分解和大量难分解的有机物存在，需将其送到后发酵室，堆成1～2米高的堆垛，进行第二次发酵并腐熟。当温度稳定在40℃左右时即达腐熟，一般需20～30天。牛粪固液分离后自然堆积发酵，只需要选取一次发酵的产物即可达到要求，故发酵时间只需要保持10～12天即可。具体操作时将固液分离后的牛粪固体堆积成1～2米高的堆垛，定期检测温度直至一次发酵阶段完成。堆垛应一直保持在防渗防雨的发酵间内。

晾晒阶段：由于自然堆积发酵模式的限制，堆积的牛粪并不能完全经过高温发酵，表层的牛粪不能直接作为卧床垫料使用，需要用人工或机械铲出后平铺到空地上进行日光消毒和晾晒。一般铺设高度不超过10厘米，超过10厘米后底部消毒效果差，使用时会产生不良效果。晾晒阶段应不超过12小时。

使用阶段：直接将经过晾晒的干牛粪均匀地铺撒到卧床上，铺设高度不低于20厘米，维护阶段主要分为差补、覆盖和更换三个阶段。差补阶段是根据每天被奶牛上下床时携带走的垫料量进行适当补充，并将卧床整理平整。覆盖阶段是定期将新的垫料覆盖在旧垫料上，一方面保证牛体接触的垫料质量良好、触感柔软，另一方面短时间隔绝底层被粪污污染的垫料，覆盖阶段的周期一般在3～5天，不超过6天。更换阶段是将卧床内的垫料整体清理干净，并进行严格消毒后再投放入新垫料的过程，该阶段的周期一般是2周。

（3）使用案例1——天津市今日健康乳业有限公司。天津市今日健康乳业有限公司是天津梦得集团的子公司，从事奶牛养殖，占地700亩，现有奶牛4 000头，其中成年母牛2 200头,青年牛和小牛1 800头。该场每日产生粪污240吨,其中牛舍和运动场污水约140吨/天,奶厅污水约100吨/天。粪污处理量约为139吨/天,其中粪便约49吨/天,污水约90吨/天。主要处理流程见图32。

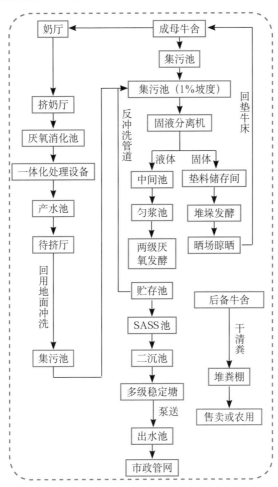

图32　天津市今日健康乳业有限公司牛场的粪污处理工艺流程

　　该养殖场的粪污处理渠道已与当地城市污水处理系统的主管单位进行了协商，只要养殖场污水处理至化学需氧量（COD）在 400 毫克/升以下、总氮含量不大于 50 毫克/升，就可以在缴纳一定的污水处理费后纳入市政污水处理管网。因此，整个处理流程的主要路线其实只有两条，并且以污水处理的路线为主。整个养殖场的粪污通过管道、集污沟进行收集，在收集初期添加了一定量的冲洗水，后期基本用贮存池内的水回冲。集污沟一直连接到固液分离池，通过固液分离机将固体和液体进行分离，固体部分进入垫料储存间内堆积发酵，定期翻抛，使用时通过晾晒进行杀菌消毒。液体部分则进入匀浆池内提升入二级厌氧发酵罐，产生沼气供场区利用，沼液进入贮存池内，一部分回用至粪污收集管道，另一部分进入后续的深度净化池内。深度净化池采用 SASS（selector activated sludge system，选择性活性污泥系统）工艺，也就是 CASS（cyclic activated sludge system，循环活性污泥系统）工艺的改进型，深度处理沼液。最终通过多级稳定塘达到最终的处理效果。

　　养殖场挤奶厅的污水被收集后通过传统的 A/O 工艺进行预处理，通过 MBR 膜处理技术进行净化，部分净水用于回冲奶厅，剩余部分用于集污沟的回冲。

　　案例经济效益：天津市今日健康乳业有限公司年污水系统处理养殖废水 8.76 万米^3，年转化高效肥料 3.6 万吨，按照全年 40% 的产能计算，则年产复合肥约1.4万吨，每吨按100元计算，则收益为1.4万吨×100元=140万元。年产沼气13.14万米^3，相当于106吨标煤热量，按照1 000元/吨标煤售价，年可节约支出10.6万元。年产回灌水肥量为7.3万吨，农用价格为0.5元/吨，按此计算，则仅该项每年可节约灌溉水：7.3万吨×0.5元/吨≈3.6万元。年直接效益合计154.2万元。

粪污工程年运行费用94万元，其中：折旧费50万元，其中设施折旧费25万，设备折旧25万；维护费10万元；人工费14万元；动力费20万元。因能源生态工程所获产品均属于环保治理的副产品，应属免税范围，故不计算税金。

案例社会效益：今日健康奶牛场粪污系统能够有效改善外部环境，控制和减少环境污染，加快企业发展速度，提高社会总产值，实现治污与致富同步、环保与创收双赢。建立了一套从前端预防、过程减量控制到末端资源化利用的集约化畜禽养殖污染防控的体系，对改善周边生态环境、保障农产品安全供应、推动天津市社会经济与生态环境可持续发展均具有重要意义。

奶牛场每年减少粪便污染物排放12万吨，产生的沼气代替了部分原煤燃烧，减少了二氧化氮等有害气体排放；发酵肥与液肥代替了部分化肥的使用，创造了可观的经济效益与生态效益。粪污通过固液分离与厌氧-好氧分级处理的技术工艺，在严格处理达标后汇入天津污水管网，由此，场区环境得到明显改善，对当地水源保护、改善农业生产环境和居民生活环境具有显著作用。同时，有效缓解了天津市集约化畜禽养殖引起的面源污染问题，减少了病虫害传染，美化了环境。

案例分析：天津市今日健康乳业有限公司使用的处理模式是一种处理难度稍小的达标排放模式。与一般达标排放模式不同，本养殖场的处理工艺要求较低，且无需越冬期3个月储存量的污水贮存池，建设投资较低，但日常运行后仍需要支付一定费用的污水处理费。达标排放模式的工艺已经相对完善，但需要养殖场提供大量的财力、人力负责整个系统的运行和管理。本养殖场需要3～5个专业污水处理管理人员来控制系统的各项参数，保证污水处理效果。同时，高昂的运行费用也是养殖场需要重点考虑的问题。据分析，一般采用达标排放的养殖场污水处理费用合5～7元/吨，一年需要近100万元的硬性投资。卧床垫料节省的费用在这样的工艺中并不占主导地位，只是一种附带资源。

虽然工艺流程和技术都不存在问题，但这样的养殖场粪污处理工艺是与种养结合模式略有偏离的，在养殖场迁移代价比较大的情况下才考虑这种模式。天津市今日健康乳业有限公司在后续的新型养殖场建设过程中迅速转变思路，流转了近万亩农田用于种植青贮饲料，采取种养结合模式，粪污处理工程的投资和运行费用都大幅度下降。

这种模式适合于没有任何农业用地的大型（年存

栏量大于3 000头）集约化奶牛养殖场，但不作为推荐模式。

（4）使用案例2——天津和润畜牧养殖有限责任公司。天津和润畜牧养殖有限责任公司位于天津市西青经济开发区大寺镇青泊洼农场西侧，牧场占地面积800亩，现有荷斯坦牛、西门塔尔牛、津疆黑牛、安格斯牛（黑、红）、和牛等奶牛和肉牛品种8个，现存栏奶牛1 600余头，肉牛1 200余头，利用种养结合模式，种植优质青贮玉米3 500余亩，公司引入现代农业的发展理念，构建"农→牧→沼→鱼→菌→肥"循环农业链模式。主要处理流程见图33。

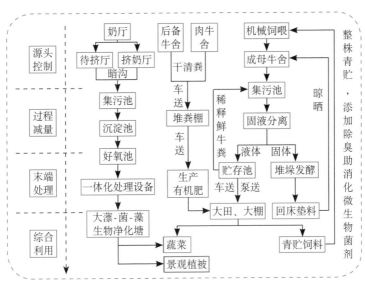

图33 天津和润畜牧养殖有限责任公司牛场的粪污处理工艺流程

该养殖场的处理流程分为三条线，后备牛舍和肉牛舍采用干清粪模式，直接将粪便清理出来后送至有机肥厂生产有机肥，用于养殖场自身的大棚和青贮饲料种植区。挤奶厅的污水收集后通过传统的A/O工艺进行预处理，通过MBR膜处理技术进行净化，出水再通过生物净化塘进行深度处理后用于场区景观和蔬菜的灌溉。

成母牛舍是本处理流程的一个关键点。一般泌乳牛舍通过集粪沟或者集污暗管连接集污池，由于牛粪性质黏稠，即使含固率降低到8%左右，直接通过坡降运输仍比较困难，需要额外添加水源或用处理后的污水进行冲洗，养殖场的粪污产生量增多，后续处理难度加大。如果稀释的程度过高则会导致固液分离机出现喷浆或无法处理的情况。如何控制稀释的程度是一个比较难解决的问题。在天津和润畜牧养殖有限责任公司的处理流程中，设计单位将固液分离系统直接安装在泌乳牛舍后，通过刮板将站槽内的粪污直接刮到集污池内，由于该场正式运行时是在夏天，结合喷淋水，粪污的含固率可控制在5%～8%，如冬季运行则需要在第一次运行时添加少量稀释水。

螺旋挤压式固液分离机（图34）放置在集污池旁边，将粪污定期抽取进行固液分离，分离后的固体直接堆放至舍后的堆粪棚内进行堆积自然发酵，定期用铲车进行翻抛和重新堆垛，10天左右完成整个前发酵过程，堆垛内的温度可达60℃以上，使用时选择较良好的天气，在堆粪棚旁边的硬化路面上进行晾晒，5～10小时后回收用于奶牛卧床。分离的液体进入贮存池内熟化，而后定期用于周边农田。

图34 螺旋挤压式固液分离机

案例经济效益：该处理工艺年处理养殖废水4.4万米^3，可提供再生可回用水肥3.7万米^3/年，节省水、肥10万元以上，农产品增产2%（以使用1年计）；生产优质牛床垫料1万吨/年，减少沙子、稻壳的直接投入60万元/年以上，减少天气极端变化时乳房炎发病率3%以上，间接效益达40万元/年；因采用益生菌，减少奶牛肠胃疾病，改善舍区环境，间接效益达20万元/年；利用牛粪、秸秆等原料年产1万吨有机肥，纯利润达50万元/年；节约挤奶厅清洁用水10吨/天，年节约用水达3 600吨。

案例社会效益：随着集约化奶牛场的环境压力越来越大，如何实现奶牛养殖场种养结合模式是粪污资源利用的关键。天津和润畜牧养殖有限责任公司通过蔬菜大棚、青贮大田充分消纳污水，同时将粪便与秸秆、尾菜进行有机肥生产，回用于农业，整体环境压力小，基本可以实现养殖粪污零排放，同时产出的青贮饲料、果菜叶菜品质好，已成为当地的知名品牌。

案例分析：天津和润畜牧养殖有限责任公司使用的处理模式是一种比较典型的种养结合模式，采用了一种改进的固液分离前置技术，通过不添加冲洗用水，减少了整个场区的粪污总量。由于奶牛粪污储存时间较短，水解酸化不充分，固液分离后的固形物含量高，垫料产出量大，使用效果较好。

为了促进奶牛瘤胃的消化吸收效率，从饲料阶段添加除臭助消化微生物菌剂，整个奶牛场异味少，饲料利用率高，粪便干物质发酵时间也相应缩短了。整个处理路线无大型设施，管理方便，维护费用（除了固液分离机、水泵的电费和更换费用）基本可以通过产品进行弥补。管理人员需求少，仅需要2～4人，人工成本较低。

这种模式适合于有充足的农业用地进行特色种植/养殖的中小型（年存栏量小于3 000头）集约化奶牛养殖场。

5.加工方法——固液分离后条垛式或槽式发酵制作垫料

（1）工作原理。固液分离后条垛式或槽式发酵的发酵原理与自然堆积发酵一样，都是利用好氧发酵的原理对牛粪进行升温、杀菌的过程。但条垛式（图35）和槽式发酵通过人工或机械设备进行额外曝气，反应时间比自然堆积发酵短。

图35 条垛式发酵堆

条垛式发酵分为静态和间歇动态两种发酵模式。静态条垛式发酵通过铺设在牛粪堆积地面上布置的曝气管道，通过强制通风或抽气的方式为好氧发酵提供充足的氧气。间歇动态发酵是指采用轮式或履带式等翻抛设备，定期对条垛进行翻堆，使牛粪与空气充分接触，保持好氧发酵过程中所需的氧气。

槽式发酵结合了自然堆积式和条垛式发酵的优点。按规划在地面砌墙，形成若干条发酵槽，墙高1.2～1.5米，墙体间隔2.0～2.5米，长度15～30米。这种方法使发酵生产条件有了较大改善，尤其是大槽发酵利用两平行的墙体形成发酵区间，墙体上可安装轨道、翻料设备，实现一些简易的机械化操作。

（2）工艺流程。①原料预处理。与自然堆积发酵的要求相同。②发酵阶段。牛粪固液分离后条垛式或槽式发酵只需要选取一次发酵的产物即可达到要求，故条垛式发酵时间只需要保持6～8天、槽式发酵保持7～8天即可。堆垛应一直保持在防渗防雨的发酵间内。③晾晒阶段。与自然堆积发酵的要求相同。④使用阶段。与自然堆积发酵的要求相同。

6.加工方法——沼渣固液分离后晾晒制作垫料

（1）工作原理。沼渣是厌氧消化中奶牛粪污发酵制取沼气后残留在发酵罐底的半固体物质，主要由未分解的牛粪、新产生的微生物菌体组成。沼渣中富含有机质（如腐殖酸、微量营养元素、多种氨基酸、酶类）和有益微生物等，能起到很好的改良土壤的作用。牛粪作为沼气工程的原料，碳氮比为（15～20）：1，较适宜沼气发酵，但由于牛粪中长秆残余饲料较多，搅拌时有时候会出现缠绕搅拌杆的情况。

（2）工艺流程。

厌氧消化阶段：厌氧消化处理系统即沼气工程系统。沼气发酵过程包括水解发酵阶段、产酸阶段和产甲烷阶段。沼气发酵微生物主要分为不产甲烷菌和产甲烷菌，其中，不产甲烷菌能将复杂的大分子有机物分解为简单的小分子物质，产甲烷菌利用不产甲烷菌的部分产出物生产甲烷。沼气发酵对温度有一定的范围要求：46～65℃称为高温发酵，20～45℃称为中温发酵，20℃以下称为低温发酵，其中以35℃为最适，高于65℃或低于10℃都将严重抑制微生物的活性，影响产气效率。

现阶段适合奶牛场的沼气有以下3种：①升流式厌氧固体发酵罐（USR）。USR工艺流程是先对各类畜禽粪便进行预处理，除去大颗粒和粗纤维物质（进料TS浓度3%～5%）后，进入USR发酵罐，USR发酵罐采用上流式污泥床原理，不使用机械搅拌，产气率视温度不同在0.4～1.2米³/（米³·天）之间。沼渣沼液的COD很高，不适于进行好氧处理达标排放，一般进行生态化处理，用于农田施肥。采用USR工艺产生的沼气如进行热电联产（CHP），热能输出部分可满足20℃左右原料的升温要求，在我国北方地区的冬季，自身热量无法满足运行要求，需要使用锅炉或其他能量进行加热。②完全混合式厌氧消化器（CSTR）。CSTR工艺流程是先对各类畜禽粪便进行预处理，调整进料TS浓度在8%～13%，进入CSTR发酵罐，CSTR发酵罐采用下进料、上出料方式，并配有搅拌装置，产气率视原料和温度不同在0.5～1.5米³/（米³·天）之间。沼渣沼液COD和TS浓度含量高，产生的沼渣沼液可直接用于农田施肥，是典型的能源生态型沼气工程工艺（图36）。③推流式厌氧消化器。工艺流程是采用多点进料方式泵入发酵罐，采用中温发酵，发酵温度为35～40℃，容积产气率视原料和温度不同在0.5～1.5米³/（米³·天）之间。自身热量无法满足运行要求，需要使用锅炉或其他能量进行加热。采用下出料方式，沼渣沼液COD和TS浓度含量高，利用出料设备泵至固液分离机，进行固液分离，产生的沼渣和一部分沼液可直接用于农田施肥，也可进行有机肥加工，另外一部分沼液进行回用，提高了沼液利用率，减少能源消耗，是典型的能源生态型沼气工程工艺。三种常用厌氧消化技术的参数对比见表3。

图36　CSTR反应罐

表3　常用厌氧消化技术参数

比较项目	CSTR	USR	推流式厌氧消化器
原料范围	所有类型有机原料	各类畜禽粪便	所有类型有机原料
原料TS浓度	8%～13%	3%～5%	5%～12%
应用区域	全国各地	我国中部、南部	全国各地
水力停留时间	10～30天	8～15天	20～60天
单位能耗	较高	中等	低
单池容积	300～3 000米^3	200～2 000米^3	300～5 000米^3

（续）

比较项目	CSTR	USR	推流式厌氧消化器
操作难度	中等	中等	中等
产气率	0.5～1.5	0.4～1.2	0.5～1.5
经济效益	较高	高	较高
沼液处理难度	中等	中等	无

为了增加沼渣中含固率的成分，在选择厌氧发酵技术的时候可以将水力停留时间缩短1～2天，提高厌氧消化器容积产气率的同时可以为沼渣保留部分固体。

三种常用厌氧消化技术的优缺点对比见表4。

表4　常用厌氧消化工艺比较

反应器名称	优　点	缺　点	适用范围
完全混合式厌氧消化器（CSTR）	投资小、运行管理简单	容积负荷率低，效率较低，出水水质较差，能耗较大	适用于固体悬浮物含量很高的污泥处理
升流式厌氧固体发酵罐（USR）	处理效率高，不易堵塞，投资较省，运行管理简单，容积负荷率较高	结构限制相对严格，单体体积较小	适用于含固量很高的有机废水
推流式厌氧消化器	不用考虑结壳问题，运行管理简单，容积负荷率较高，原料利用率高	出料要求技术条件较高	适用于浓度较高的秸秆发酵原料

固液分离阶段：与前处理技术一致。

晾晒阶段：有研究表明，沼气工程最佳发酵温度35℃并不适合牛粪的杀菌消毒，固液分离后得到的固体沼渣需要用人工或机械铲出后平铺到空地上进行二次晾晒消毒。由于沼渣的杀菌效果较自然堆积发酵差，其分离后的固体沼渣需要更矮的晾晒高度，一般不超过5厘米。晾晒阶段较自然堆积发酵时间长，但也不应超过15小时（图37）。

图37　晾晒牛粪

使用阶段：直接将经过晾晒的沼渣均匀地铺撒到卧床上，铺设高度不低于20厘米，维护阶段与堆积自然发酵垫料的使用基本一致。但应当注意，沼渣中不但有未发酵完全的秸秆饲料成分，还有少量污泥沉淀。由于晾晒的时间并不足以杀死污泥中的微生物，在使用时微生物的生长速度可能要高于其他垫料。同时，污泥的颗粒比较小，干化后很容易产生粉尘污染，导致奶牛呼吸道或乳房的疾病，应在使用前扬尘或再过筛一次，减少细小颗粒。

（3）使用案例——嘉立荷（山东）牧业有限公司。天津市嘉立荷牧业有限公司成立于2007年5月22日，隶属于天津农垦集团总公司，以奶牛饲养、生鲜奶源、饲料加工及技术服务为主营项目，被认定为"无公害牛奶生产基地""绿色生鲜牛奶""全国奶牛标准化示范场"，加入了农业农村部"全国无公害农产品质量追溯系统"，获得了"全国养殖示范小区""社会公认满意产品""全国标准化示范场"等荣誉称号，并通过了ISO9000质量体系认证。

嘉立荷（山东）牧业公司拥有全方位的奶牛服务体系，下设饲料加工厂、奶牛服务站、饲料质量品控中心和疾病化验室，向市场提供奶牛各生产阶段的优质饲料、技术咨询、项目合作、牧场管理以及牛场设计、兽药服务等一系列专业化的技术支持。

2014年嘉立荷（山东）牧业有限公司落地山东乐陵伊始就深度探讨了关于新建奶牛场的粪污处理方向问题，是真正意义上将奶牛场粪污治理工作与建场同步进行的现代化养殖场。

嘉立荷（山东）牧业有限公司年存栏奶牛约7 000头，其中泌乳牛约3 500头，日粪污产生量近800吨/天，粪污含固率4%～6%，有机干物质含量75%～80%，因养殖场明确有能源需求，最终选择了沼气工程模式作为粪污处理的工艺模式，主要处理流程见图38。

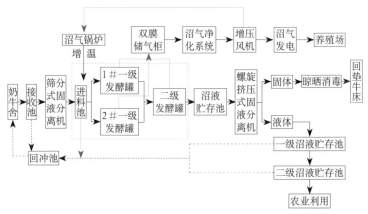

图38　嘉立荷（山东）牧业有限公司的粪污处理工艺流程

　　奶牛场的粪污通过水冲粪模式进入接收池内进行匀浆和前处理，通过两台斜板筛分式固液分离机将粪污中的长秆草料分离出来，较短的固形物与污水进入进料池内短暂停留后经提升泵分别输送至两座一级CSTR发酵罐内进行厌氧消化反应，在厌氧菌的作用下产生沼气，发酵后的剩余液体成为沼液，混合的菌团、未发酵完成的固体成为沼渣。

　　为了充分利用牛粪中的高含量纤维素、半纤维素和木质素等物质，设置二级发酵罐，同样采用CSTR工艺，进一步发酵一级发酵的剩余物质，确保物料得到充分利用。

　　因为奶牛养殖场需要沼渣、沼液中的固体物作为卧床垫料使用，所以整个沼气工程的水力停留时间没有设计很长，达到13～14天即可，设计更长时间对沼气工程有利，但是对垫料的加工不利。

　　两级沼气工程的出料进入沼液暂存池内，通过多台螺旋挤压式固液分离机将沼液中的固形物提取出来，液体进入沼液贮存池内长期贮存，最终用于周边农田。分离出来的固体通过晾晒消毒，作为垫料回垫牛床（图39）。

图39　沼液分离后的固体

　　产生的沼气在夏季全部用于发电，冬季部分利用沼气锅炉给沼气工程加热，剩余部分用来发电。给沼气工程加热的环节主要集中在进料池内，部分辅热系统在发酵罐内，这样可以有效减少加热整个发酵罐需要的热能，节约能源。

　　整个系统的主要参数如下：沼气工程发酵温度采取中温发酵，35～38℃；发酵料液TS含量控制在5%～7%，物料浓度较高，化学需氧量可达18 000～23 000毫克/升；发酵罐总容积约12 000米³，沼液贮存池近85 000米³。

案例经济效益：养殖场整个粪污处理工程总投资约5 000万元，工程需雇佣6～7人负责日常的运行和维护工作，同时运行过程中还包括设备的维护和更换、日常管理、水电费等一系列费用，年运行费用约500万元。系统年产沼气约300万米^3，可发电13 000万千瓦时，通过沼气工程产生的沼液约24万吨，沼渣约2.5万吨，产生的卧床垫料约3万吨。根据当地沙砾和锯末的价格，年可节省垫料费用近90万元。同时沼渣、沼液的出售部分收入约为310万元。按照发电量计算可节约电费或取得发电利益约5 800万元。

案例社会效益：随着京津冀、山东地区的限煤措施越来越严，天然气和电能逐渐成为主要能源，但天然气和电能的使用价格一直居高不下。养殖场尤其是奶牛养殖场一直是用电大户，尤其是夏季奶牛需要降温时，一方面是喷淋用水的动力耗电，另一方面是风扇的长时间开启耗电较大。嘉立荷（山东）牧业有限公司采用的沼气工程热电联产技术可为养殖场节约70%以上的电力成本，同时减少燃煤的使用，减少区域内二氧化碳的排放。奶牛粪污产生的沼液是一种比较好的土壤改良剂，长期使用可改善因化肥施用过度产生的土壤板结、土壤性能下降的情况，并可以提升土壤肥力。嘉立荷（山东）牧业有限公司在周边通过土地流转承包了近3 000亩农田，用来种植牧草和青贮饲料，并打算继续流转更多的农田。

案例分析：嘉立荷（山东）牧业有限公司采用

的粪污处理模式是一种经典的种养结合模式，这种模式是现阶段大部分大中型奶牛养殖场采用的模式。但养殖场主应该知晓，沼气工程的难度并不在建设，而在后期管理。沼气工程容易出现以下几种问题：接种物的选择和使用是否符合原料的特点，奶牛粪污作为一种高浓度的物料需要高负荷的菌种进行处理；沼气工程的启动是否稳定，启动时应密切关注沼气罐内的pH变化，当pH低于6.8时应停止进料防止过度酸化；正式运行后每天专人管理工作情况，记录pH、温度和沼气产量的变化；沼气工程冬季运行增温模式的选择。案例中嘉立荷（山东）牧业有限公司与北京盈和瑞环保工程有限公司实行委托运行模式，由北京盈和瑞环保工程有限公司负责建设、调试和运行一体化服务，保证了整个沼气工程稳定、持久良好运行。就垫料的使用来说，沼渣作为原料是一种比较好的方式，但并没有后续的处理设施，仍采用固液分离后直接晾晒的模式，需要的晾晒面积较大，可能存在雨季难以使用、杀菌效果不能保证的情况。在使用时应严格控制垫料的使用指标，可采用选取四点取样混合速检的方式进行垫料的菌类情况监测。沼渣作为垫料的效果还有待分析，应预防可能出现的呼吸道疾病和乳房炎。

这种模式适用于能源需求较大、有部分农业用地进行特色种植/养殖的大中型（年存栏量大于1 000头）集约化奶牛养殖场。

7.加工方法——固液分离后滚筒式发酵制作垫料

（1）工作原理。滚筒式发酵的原理和自然堆积发酵、条垛式槽式发酵一致，都是利用好氧发酵的工艺对牛粪进行高温消毒、脱水最终形成可供使用的卧床垫料。与其他方法不同的是，滚筒式发酵吸取了前几种发酵方式的优点，规避了其他发酵方式占地大、贮存空间大、晾晒时间长的缺点，使用水平滚筒来混合、通风，通过不断旋转加快固液分离后的固体牛粪与氧气的接触混合过程，加快滚筒内牛粪的发酵腐熟进程。滚筒内牛粪的温度可达到65～70℃，这一过程持续18小时至3天不等，可杀灭绝大多数病原体，之后再经过不超过6个小时的堆积，进一步减少固体物的含水率，即可作为卧床垫料铺设。

（2）工艺组成。主要组成部分：切割潜水泵、潜水搅拌器、螺旋挤压分离机、滚筒发酵仓和控制系统。切割潜水泵和潜水搅拌器是为螺旋挤压分离机提供均匀的物料，而固液分离机的选型则以螺旋挤压为主。螺旋挤压式固液分离机结构简单、操作方便，且经不断改进，技术上已经基本成熟。经试验，通过改变螺旋挤压式固液分离机的筛网筛缝尺寸、进料含固率、卸料圆锥环隙尺寸等，认为在筛缝尺寸0.75毫米、原料含固率为8%、卸料环隙尺寸范围为40～50毫米时，挤出物产量以及挤出物含水率指标最优。螺旋挤压式固液分离机做得较好的制造商有德国的FAN公司和Vincent公司，污物中可利用固体的有效率高达33.41%，并且经试验发现，螺旋挤压式固液分离机在粪浆含固率为14%、出口承重3千克、转速为30转/分钟时，粪浆中的固体去除率可达最高值73.9%（图40）。

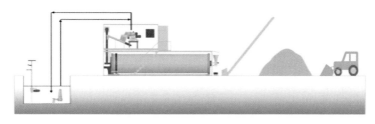

图40　滚筒发酵工艺流程

滚筒发酵仓长度一般不小于10米，直径不小于1.5米，为固液分离后的牛粪提供充分的发酵空间。滚筒发酵仓建议采用高强度不锈钢或高防腐性碳钢制作，牛粪中腐蚀性物质较多，发酵过程中温度上升后还会产生水蒸气，罐体必须承受住腐蚀。干燥器采用齿轮、摩擦轮驱动，动力要求可驱动整个干燥器填充至少3/4物料时匀速转动。干燥器四周应有固定环或卡槽以避免转动过程中发生位移。

控制系统主要用于控制整个系统的运行，包括固液分离机与滚筒发酵仓的同步运行、进出料系统的运行、鼓风系统的运行、内部温度监控点及危险停机的安全触点等。

进料阶段：从固液分离机内挤压出来的牛粪干物质通过管道靠重力进入整个滚筒仓内，当滚筒仓内的进料量达到1/2时，滚筒仓以0.5～1转/分钟的速度开始转动，将物料进行翻抛、混合。

正式运行阶段：当滚筒仓内物料达到2/3体积时，进入正式运行阶段。通过控制系统中的温度监控数据来评估滚筒发酵仓内是否进入了发酵阶段。当温度上升至45℃左右时，固液分离机同步进行工作，开始进行连续的进料程序。滚筒发酵仓内设置中心螺旋搅拌器或侧壁导流片，使转动过程中物料可以随转动向出料口移动，同时也可以打碎牛粪块，使整个发酵更彻底。运行3～5天后，进料口的温度应稳定在35～45℃，滚筒发酵仓中部温度应稳定在55～60℃，滚筒发酵仓后部应稳定在65～70℃左右，出料口温度应维持在35～40℃，感官效果应是用手接触牛粪感觉热，抓紧握团时感觉较烫。

出料阶段：经正式运行后的固体物在滚筒发酵仓内停留18小时至3天后（取决于转速），通过物料的前移活动将发酵好的固体物推出滚筒发酵仓，进入提升绞笼，运输到贮存间内，经过3～6小时的存放后进行使用。

使用阶段：直接将经过存放的干牛粪均匀的铺撒到卧床上，铺设高度不低于20厘米，维护阶段基本与自然堆积发酵一致，在冬季可根据实际情况延长更换周期1天左右。

（3）使用案例——天津神驰农牧发展有限公司。天津神驰农牧发展有限公司坐落在天津市滨海新区中塘镇甜水井村，是一家专门从事奶牛饲养的民营企业。公司占地370亩，建筑面积59 800米²，泌乳牛舍4栋，设计存栏5 000头，2006年被授予天津市无公害牛奶生产基地。周边自有种植面积1万余亩，用于青饲料、苜蓿等的种植，已形成一定的产业链。养殖场现阶段存栏约2 300头，其中泌乳牛存栏约1 200头，育成牛和犊牛共约1 100头。

经核算与测量，养殖场日粪污排放总量约150吨。2014年前，养殖场采用过沙砾、锯末和秸秆等多种垫料，在使用沙砾垫料时管道堵塞情况严重，锯末和秸秆则因为投资成本问题在使用1年左右后放弃。之后一直使用牛粪堆积发酵后的干物质回垫卧床，养殖场环境一般（图41）。

图41　天津神驰农牧发展有限公司养殖场2014年前的情况

2014年根据天津市一号工程"四清一绿"中清水河道治理要求，对天津神驰农牧发展有限公司进行粪污治理工程建设。经过几轮商讨，最终与北京市盛大荣景科技有限公司签订协议，引入奥地利保尔公司（BAUER）的BRU（Bedding Recovery Unit）系统，用于专门处理养殖场的粪污。主要处理流程见图42。

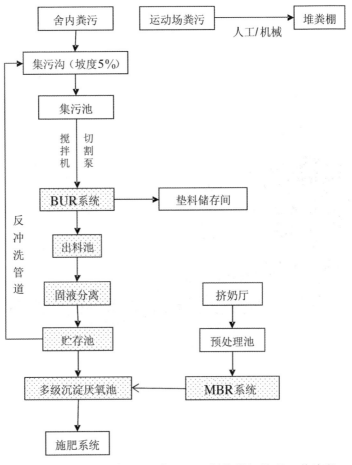

图42　天津神驰农牧发展有限公司新的粪污处理工艺流程

该工艺的重点就是BRU系统——一种专门用来对牛粪进行发酵的滚筒发酵系统。

整个流程中，对并排的4栋泌乳牛舍进行地面改造，向一侧呈0.1%的斜坡，斜坡顶端设置冲洗闸门。斜坡底部是收集渠，4栋泌乳牛舍的收集渠通过直径不小于1米的混凝土管道连接，按照5%的坡度连接至集污池内。牛舍内收集粪污一般是机械清扫一次后再用回冲水冲洗一次。

收集后的粪污在集污池内通过潜水搅拌器和潜水切割泵进行匀浆和提升。BRU系统由大、小两个集装箱组成：小型集装箱在上，内部为PSS S855型固液分离机及整个系统的电控系统；大型集装箱在下，用于安装滚筒发酵仓。粪污由潜水切割泵提升至小型集装箱内的固液分离机中，经1毫米筛网筛分、螺旋挤压后，未处理完的粪污回到集污池内，分离后的固体落入下层滚筒发酵仓内进行发酵、干燥。液体通过管道进入出料池（图43）。

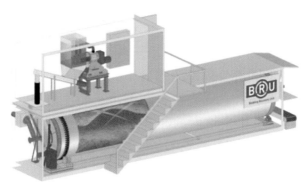

图43　BRU系统

BRU系统（图44）的技术参数有以下几点：①发酵仓温度：65℃左右。②日输出垫料量：20～45米³/天。③发酵时间：12～18小时，不超过25小时。④干物质含量：40%～42%。⑤进出料有害细菌（大肠杆菌、金黄色葡萄球菌等）去除率90%以上。

图44　BRU实际使用情况

发酵后的固体通过输送系统至储存间内，一般在12小时内使用。为了减少后续沉淀厌氧池的淤积现象，分离后的液体在出料池内继续经过一道0.7毫米筛网的固液分离系统进行二次分离。二次分离后的一部分液体经过提升泵输送到污水贮存池内，等待用于4栋泌乳牛舍地面的冲洗；另一部分液体直接提升入多级沉淀厌氧池内进行熟化，多级沉淀厌氧池（图45）内同样布置有潜水切割泵和潜水搅拌器，在经过3～5个月的贮存后通过灌溉系统对周边青贮饲料种

图45 多级沉淀厌氧池

植区进行漫灌。

如工艺流程图所示，挤奶厅的污水是不能进入整个BRU系统的，估计是因为挤奶厅的消毒酸、碱液会对滚筒发酵仓造成不良影响。

案例经济效益：该养殖场总卧床面积约4 000米²。使用BRU设备前该场每年购买沙土作卧床垫料，费用约为18万元，约需15人清粪，每人每年工资约为5万元，故使用沙土作为垫料每年需要投入总成本约为93万元；用秸秆作垫料购买费用约需20万元/年，人工约需20人，加上运输、储存、粉碎、铺设以及后续处理等费用，投入逐年上涨。该奶牛场使用BRU制卧床垫料的工艺，该工艺前期设备总投资为370万元，整个运行系统总投资近1 000万元，需雇佣5人运行系统、铺设垫料，设备年运行电费、维护费约8万元，每年总运行费用约33万元。年处理养殖废水

6.93万米^3，可提供再生可回用水肥4万米^3/年，转化高效肥料2万吨/年，生产优质卧床垫料1.6万吨/年，直接效益合计178万元/年。由以上常见垫料的成本核算可以得出，以10年为运行周期，利用牛粪好氧发酵作为卧床垫料的投资成本较大，但运行成本最低。奶牛场在使用BRU制备的卧床垫料之后，每头泌乳牛的日平均产量较之前可提高2.47千克。

案例社会效益：天津神驰农牧发展有限公司带动周边养殖和种植户5 300户，组织农民集约化种植青贮7 600亩，同时，每年可向农民收购玉米3 500吨，秸秆59 800吨，苜蓿2 700吨，干草2 200吨，大豆、棉籽、胡萝卜共5 300吨，粪污系统能够有效改善外部环境，控制和减少环境污染，加快企业发展速度，提高社会总产值，实现治污与致富同步、环保与创收双赢。

案例分析：天津神驰农牧发展有限公司采用的模式是典型的种养结合模式，也是使用得较好、真正能产生一定效益的模式。从案例中可以看出，以往垫料的使用是脱离整个奶牛场粪污系统的一个单独环节。但随着养殖场环保要求的逐渐提升，垫料逐渐融合到粪污系统中，甚至成为连接奶牛生产和粪污治理的纽带。在使用效果和粪污处理之间，奶牛养殖场需要选择一条两者兼顾、不可偏废的道路。天津神驰农牧发展有限公司为这种选择提供了一个方向，一方面可以大大缓解普通奶牛场需要大面积的堆粪区这一弊病，另一方面也节省了大量的垫料费用，同时避免了沙子等垫料对粪污收集系统、粪污处理系统的损害。结合牛场自有的大面积青贮种植土地，可完全消纳牛场产生的肥水，达到100%粪污处理率（图46）。

图46　经过处理的牛粪卧床垫料

这种模式适合于无能源需求、自有大量农业用地进行特色种植/养殖的大中型（年存栏量大于1 000头）集约化奶牛养殖场。

8.效果评价

（1）牛粪垫料使用评价。研究表明，奶牛比较喜欢趴卧在松软的地方进行反刍，因此将牛粪进行适当加工处理后作为卧床垫料，在国外的许多牧场得到应用，并已成为牛粪循环利用的研究热点。固体牛粪作垫料的方法早在19世纪80年代的美国便开始使用，该方法将粪污风干晾晒后直接铺垫在奶牛趴卧的地方。固体牛粪作垫料的方法经多年技术研发和设备改进后，已形成利用固液分离机对粪污进行分离、分离后的固体牛粪经风干晾晒或发酵处理后制成卧床垫料的一系列技术。与沙土比，牛粪松软不结块，不容易导致奶牛膝盖、腿受伤，且同样有利于后续的污粪处理。牛粪作为卧床垫料既卫生又安全，具有保障奶牛健康、提高奶牛舒适度、减少肢蹄疾病、易于后续粪污处理的特点。但是牛粪制作卧床垫料的工艺要求也比较严格，稍有不当不但不会取得良好的效果，反而会使粪便中的有害微生物在卧床中大量增殖，导致奶牛患病概率增加并污染牛舍环境。

水分控制是牛粪制作卧床垫料的关键，牛粪垫料含水率过高或过低都会对奶牛的健康造成影响。含水率过高会引起细菌大量繁殖，进而导致牛粪垫料的进一步发酵；含水率过低会使牛粪垫料的细微颗粒严重增多，导致细小垫料颗粒更易粘在牛乳房上，影响乳房清洁。为获得最佳的卧床垫料和控制成本，牛粪制作卧床垫料应将固体牛粪含水率降低到50％以下。

发酵过程的难点在于发酵时间的控制，如果发酵时间过长，则转入有机肥生产阶段，导致发酵后的牛粪短秆更多，导致牛乳房受到污染；发酵时间过短，则导致有害微生物不能够杀灭完全，垫料使用效果受到影响。

牛粪制作卧床垫料时应严格控制牛舍中新产生的牛粪，尤其是卧床中的新增牛粪，以减少新鲜牛粪引起的新污染。牛粪卧床垫料的新加垫料周期应控制在

1周以内，整床更换周期不超过3周。卧床使用时可加入少量消毒产品在底部，可以减少有害微生物的生长，延长垫料使用时间。

（2）牛粪垫料经济效益。传统的卧床垫料如沙砾、橡胶、秸秆、锯末等在经济性方面都有其不足。沙砾垫料效果好，但运输成本高，且使用过程中与奶牛粪污混合，易导致后续粪污处理设施如管道、运输泵、固液分离机、沼气工程和贮存塘等设施损坏、堵塞和淤积，反而导致后续设备维护成本上升。而秸秆、锯末等受市场影响大，近年来秸秆、锯末各种资源化技术不断出现，材料价格不断上涨，奶牛养殖场急需能取代这种垫料的产品。不论何种垫料，都是由奶牛养殖场外环境运输至内环境，防疫压力也越来越大。

与传统垫料相比，牛粪制卧床垫料不受市场约束，原料成本为零，处理工艺基本稳定，是综合经济效益较好的卧床垫料原材料。

（3）固液分离后自然堆积发酵制作垫料经济效益分析。自然堆积发酵是所有模式中使用成本最低的，但是由于自然堆积发酵技术自身的因素，使该模式发酵的时间最长，占地面积最大，处理过程如果控制不好的话反而容易引起奶牛舍环境污染。场区粪污在固液分离后需要用人工或传送带将分离后的牛粪运输到堆积发酵场地，发酵时需要定时测量发酵堆的温度，晾晒时需要人工或机械进行适度的翻抛和清理。由于发酵时间长，所需的占地面积大，露天堆积时遇到雨雪、大风天气时需要采用覆膜等防水处理，如果采用发酵棚全覆盖则失去成本低的优势。

相较于其他工艺，自然堆积发酵模式的主要投资在人工和生产所需的占地，一般一个1 000头左右的奶牛场需要2个人专门负责卧床垫料的生产和使用，需要近300米²的混凝土硬化区域用于堆积发酵和晾晒（图47）。

图47　堆积发酵的晾晒场

（4）固液分离后条垛式或槽式发酵制作垫料经济效益分析。条垛式或槽式发酵效率要高于自然堆积发酵，占地面积根据工艺不同可比自然堆积发酵减少20%～40%。条垛式或槽式发酵模式的主要费用在通风运行和发酵车间建设。

条垛式发酵模式的通气主要由自然或被动通风完成。自然通风时通过专门用于条垛翻堆的机械完成，这些机械一部分靠农用拖拉机牵引,一部分自身具有驱动系统,售价在10万～35万元不等。被动通风时需要外源空气的加入,通常通过空压机鼓气或负压引气完成通风,空压机和相关管道、电控的价格根据条垛式发酵的规模在0.5万～10万元不等。

槽式发酵模式将可控通风和定期翻堆结合,通过固定在发酵槽上的翻抛机,将放置在发酵槽进料端的牛粪缓慢推送至出料端,自动化程度高,在设置换槽器后可服务多条发酵槽。为了提高效率,通常在发酵槽内布置大小不一的曝气管道并通过温度传感器或控制器开启。根据槽式发酵的规模不同,翻抛系统和曝气系统的投资从2万元至15万元不等。

条垛式或槽式发酵模式都需要建设条件良好的发酵车间,一般使用钢骨架和保温彩色压型板结构。槽式发酵由于需要建设发酵槽和控制系统,整个发酵车间的投资较同规模条垛式发酵高5%～15%。

无论条垛式发酵还是槽式发酵,在运行过程中能源的消耗都大于自然堆积发酵。但同等规模条件下,两种发酵模式的人工费用比自然堆积发酵低超过50%,规模越大,人工费节约效果越明显。

(5)沼渣固液分离后晾晒制作垫料经济效益分析。沼渣固液分离后晾晒制作垫料的总体成本最高,需要配备足够的厌氧消化反应器及附属设施,单就生产垫料工艺而言,成本并不高。由于沼渣在厌氧消化反应器内已经进行过厌氧菌群和好氧菌群的竞争,产甲烷菌和各阶段产酸菌等厌氧菌已占主导地位,经过固液分离后暴露在空气中时厌氧菌又大量减少，原料整体的卫生学指标较其他模式好。所需的占地面积大致为自然堆积发酵的50%以下，晾晒时间短，垫料制作的成本更容易被控制，但还是会受到外界环境影响，需要一定的控温、防雨措施，增加了部分成本。

（6）固液分离后滚筒式发酵制作垫料经济效益分析。滚筒式发酵的设备投资是所有垫料制作工艺中最高的。发酵所使用的水平滚筒因牛粪具有腐蚀性的特点需要选择一些防腐材料如不锈钢等，导致整个滚筒造价非常高，一般在40万～80万元不等。滚筒的动力系统一般采用电机驱动的摩擦轮或齿轮，该部分需要承受滚筒及满筒牛粪的重量而不发生形变，同时还可以通过摩擦或齿轮咬合使滚筒按照一定的速度匀速旋转，对电机、摩擦轮或齿轮的质量都是较大考验。为了严格监控滚筒内的发酵效果，需要通过温度探头进行控制，同时以温度为控制参数，驱动整个滚筒发酵仓的运行，电子产品的费用也比较高。在北方地区还需要增加整个系统的外保温。据市场调查，国内滚筒发酵仓整体价格在100万～200万元不等，国外滚筒发酵仓在280万～390万元不等。

正式运行时，整个系统进出料同步进行，耗电设备主要有潜水泵、搅拌泵、固液分离机、滚筒仓和出料系统，数据显示整个系统一天的耗电量在400千瓦时左右。

滚筒发酵仓模式相较于其他模式的经济性优点

有：①省人工。一个2 000头左右的奶牛养殖场在正式运转后，整个垫料生产环节的管理人员只需要2个，一个负责系统的运行，另一个负责垫料的使用。②管理方便。整个系统通过自动化系统控制，管理人员只需要监控温度的变化，在温度降低时增加通气量和进料量，其他时间自动运行即可。③垫料占用场地少。由于滚筒发酵模式处理效果受外界影响小，出料灭菌效果比较稳定，产生的垫料不需要晾晒，所以占地面积比较小，没有晾晒区，设施占地是其他发酵模式的50%以下（图48）。④发酵间面积小。滚筒发酵仓的整个系统是一种封闭的独立环境，除温度外基本不会受到外界天气影响，部分产品还会使用集装箱将这个发酵仓包裹起来，整个卧床垫料生产环节只需要将匀浆池、垫料堆放场地增加防雨措施即可。由于该模式产生垫料基本不会存放超过3天，堆放场地面积也比较小，整个发酵间的建筑面积较其他模式减少60%以上。

图48　正在生产的滚筒发酵牛粪卧床垫料

（7）牛粪垫料环境效益。牛粪垫料的环境效益分为两个方面。

舍区环境：有研究显示，牛粪在降低含水率和短期发酵后，可去除大部分臭味，在含水率55％左右时较其他垫料松软，作为卧床垫料使用时可以提高奶牛的上床率和卧床时间；牛粪卧床垫料铺设高度在20厘米左右时能够保护奶牛趴卧时的膝关节，在卧床中站立时保护奶牛肢蹄，基本不存在划伤的情况。牛粪中的有害微生物，在经过规定时间的好氧发酵、厌氧消化和晾晒后基本能控制在可接受的范围内。由于没有外源产品进入牛粪制作卧床垫料的系统中，奶牛养殖场也不会使用其他场产生的粪便，这使得整个系统处于一个相对独立的闭环中，避免了外源有害微生物进入，不会产生防疫问题。由于粪污传输管道独立于牛舍外，不同牛舍之间的疾病传染问题也可以得到改善。但牛粪作为卧床垫料时也应注意一些细节的控制。虽然大部分臭味被去除，但是好氧发酵如果控制不当，也会转化成带有臭味的厌氧发酵，导致恶臭现象发生。奶牛场厌氧消化系统的稳定运行是一个需要投入人力进行管理和日常检测的任务，一旦厌氧消化器酸化或堵塞，整个粪污处理系统的运行都会受较大影响甚至停运。牛粪中不应含有石子、塑料瓶、袋子等杂物，有奶牛养殖场在使用固液分离机时出现因以上杂质裹挟大量干粪挤破筛网的现象。

社会环境：自2014年起，随着《畜禽规模养殖污染防治条例》《水污染防治行动计划》《土壤污染防治行动计划》等一系列规章制度发布，直至2018年1月1日环境保护税正式施行，养殖业的环保问题已经成为养殖场是否能生存的关键因素。而经历了改革开放的我国奶牛养殖业在迅速发展了近20年后，已经成为大规模、集约化、现代化的主要畜牧产业。但奶牛作为一种大型的哺乳动物，产生的粪污量约等于30个成年人、10头猪，当奶牛养殖按照集约化的要求集中后，巨大的粪污日产生量经常使人数千米之外就能闻到气味。

2014年11月，湖北省通山县现代牧业万头牛场因粪污问题被周边居民封堵，最终于2015年关闭，一个投资数亿元的奶牛养殖场就此停止生产。根据报道显示，通山县现代牧业万头牛场关闭的主要原因有两个，一方面是周边耕地面积不足，奶牛场产生的粪污无法被消纳，另一方面就是粪污处理设施的方向选择错误，将牛粪污水随意倾倒，造成环境污染。

牛粪制作卧床垫料从原料上来说，可为养殖场消纳当日产生的超过60%的粪便干物质，减轻后续粪污处理工艺的压力。根据检测数据显示，奶牛场混合粪污的COD在80 000～100 000毫克/升，而固液分离将牛粪干物质提出后剩余污水中COD会降低至40 000～70 000毫克/升，可降低近50%的COD数值。由于整个牛舍环境中只有牛粪的循环利用，后续粪污处理设备不会出现磨损、堵塞和淤积的现象，能保持较好的运行效果，整个养殖场的环境得到良好的控制。

从防疫角度来说，卧床垫料使用本场牛粪作为原料有交叉感染的风险，但可以通过加强接触面消毒、加强奶牛个体疾病防控、加强管理等方式进行弥补。在长期运行后，牛粪作为卧床垫料的优势才逐渐凸显。牛粪卧床垫料的使用减少了奶牛场与其他场交叉的渠道。饲料车、垫料车、运粪车等车辆通常不会严格遵循一次一场、彻底消毒的规定，导致养殖场与养殖场之间的交叉感染情况时有发生，这也是奶牛疫情扩散的一个重要原因。使用本场牛粪制作垫料后，减少了外源垫料的运输，整个垫料生产系统只为本场服务，减少了区域疫病的风险。

9.英国再生牛粪固体（RMS）作为奶牛卧床垫料的使用规范

在英国，人们对分离牛粪生产奶牛卧床垫料越来越感兴趣。该规范旨在为英格兰和苏格兰的将允许使用再生牛粪固体作为卧床垫料的奶牛养殖者、兽医、分离设备供应商和其他相关方提供一份概述。目前，威尔士和北爱尔兰当局已决定不允许使用再生牛粪固体作为卧床垫料。

在英国，术语"绿色垫料"或"再生牛粪固体"是指使用专门的固液分离技术从浆料的固体部分生产高于34%的干物质水平的垫料。

当前奶牛用户和那些考虑使用再生牛粪固体作为垫料的用户需要了解相应的法律规定。根据欧盟动物副产品（ABP）法规，家畜粪便被列为2类动物副产品。因此，ABP法规不允许直接使用粪便作为卧床垫料。然而，该法规有允许将动物副产品和衍生产品用于技术用途的条款，前提是这些条款不会对公众或动物健康造成不可接受的风险。目前，没有足够的数据可供英国环境、食品及农村事务部（DEFRA）和其他主要管理部门就这种做法是否构成不可接受的风险作出明确的规定。

为了解决在再生牛粪固体作为奶牛卧床垫料方面的知识差距，需要进一步的研究来收集英国本地的数据。在填补这一研究空白的同时，DEFRA和苏格兰政府将允许在英格兰和苏格兰使用RMS作为牲畜卧床垫料，同时为奶牛养殖户提供符合一系列规定的管理条件以减少行业的潜在风险。

如果在任何时候出现不可接受的环境或养殖风险，且无法通过技术或管理的调整进行缓解，DEFRA和苏格兰政府可能不再允许使用再生牛粪固体作为垫料。这种安全政策对于确保乳品行业的良好声誉以及保持奶牛养殖场对生产方法的信心至关重要。

（1）使用再生牛粪固体作为奶牛卧床垫料的好处和风险。使用牛粪固体作为奶牛卧床垫料的优势包括改善奶牛的舒适度、增加卧床时间、改善奶牛清洁度并降低成本。

在安全风险方面的主要问题是还不清楚再生牛粪中病原体的含量数据及繁殖数据。现阶段已知的可能引起社会关注并已开始研究的疾病包括乳房炎、沙门氏菌感染和约翰氏病，但乳房炎是其中唯一被具体研究过的疾病。

（2）再生牛粪固体作为奶牛卧床垫料的特定使用条件。奶牛行业的利益相关者（DairyCo，NFU，NFUS，RedTractor，英国牛兽医学会，DairyUK）为了减少养殖户、乳品消费者和奶牛的潜在健康风险，为奶牛养殖户提供再生牛粪固体作为奶牛卧床垫料的规范，并维持乳品行业的健康发展。

再生牛粪固体的使用效果主要取决于奶牛养殖场对奶牛场的管理方式。对于再生牛粪固体作为奶牛卧床垫料这一新技术的潜在风险，相关部门采取基于已知最佳做法的预防措施，意味着可以减少对该行业的任何健康、福利和声誉风险。

英国的奶牛养殖户需要注意，代表DEFRA进行检测的兽医检查员和主要管理部门有权利根据实际使用情况决定是否完全禁止在单个奶牛养殖场内使用再生牛粪固体作为卧床垫料，或者需要采取额外的防护或处理措施，以防止英国兽医界规定的主要传染病在奶牛场之间互相传播，比如在结核病疫情特别严重情况下禁止疫情区内的奶牛养殖场使用再生牛粪固体制作卧床垫料。

（3）该规范具体经过多长时间的研究最终确定？2014年2月英国调查了世界各地牛粪制作卧床垫料的养殖场，为乳制品公司编制了一份报告。该报告强调，关于再生牛粪固体作为奶牛卧床垫料的大部分奶牛养殖场并没有对垫料进行严格的科学评估，只是奶牛养殖场主通过实际经验和以往养殖场案例分析得出的使用经验。

从2014年7月1日起，英国开始为期2年的现场数据收集。在收集实际数据的2年时间里，只要奶牛养殖场遵守规范规定的使用条件，DEFRA和苏格兰政府不会禁止奶牛养殖场使用再生牛粪固体作为卧床垫料，但是监管机构保留随时检查奶牛养殖场的权利。在任何时候出现不可接受的环境或养殖风险时，DEFRA和苏格兰政府可能不再允许使用再生牛粪固体作为垫料。

（4）奶牛养殖场必须遵守的使用条件。奶牛养殖场必须遵守本规范规定的所有条件。只要遵守这些条件，相应的管理部门就不会依据《动物副产品和动物福利条例》对奶牛养殖场采取禁止、罚款和关闭行动。尽管使用再生牛粪固体作为卧床垫料的主要是奶牛养殖场，但满足以下所需条件的牛肉养殖场也可以给肉牛使用牛粪卧床垫料。

第一，再生牛粪固体只能使用来自养殖场和/或养殖户的生牛粪/牛粪泥浆进行生产。不得将其他牲畜品种的粪污纳入生产再生牛粪固体的体系，以避免引入可能影响奶牛健康的外部病原体。

第二，不得使用已经堆肥完毕或消化完全的牛粪原料。某些细菌的孢子，特别是那些耐热的细菌在堆肥过程中会大量增殖。过高浓度的孢子会导致生产过程中奶酪的损失，并缩短巴氏杀菌牛奶的保质期。使用直接蒸煮器/增温器加热牛粪也会增加温度，这同样会影响病原体的含量。在进行严格检测之前，不允许直接使用蒸煮器/增温器生产以再生牛粪固体为原料的卧床垫料。同样，不允许使用含有来自非本养殖场来源的原料消化液，它可能会导致不受控制的环境和养殖风险。

第三，再生牛粪固体制作的卧床垫料只能应用于本养殖场的卧床，不得在不同养殖场之间转移。为了尽量减少疾病传播的风险，只能在同一个奶牛养殖场内收集粪污进行再生牛粪固体分离，并进行卧床垫料生产。在卧床垫料加工前后，不得在不同奶牛养殖场之间进行粪污转移，因为奶牛场可传染的主要疾病可以通过动物个体直接接触或间接接触（如共用设施或人员）进行传染。

第四，不允许对不同奶牛养殖场的再生牛粪固体原料进行转移。为了降低病原体传播风险，在加工之前或之后，不得在不同奶牛养殖场之间转移用于生产卧床垫料的牛粪或粪污（即将粪污从一个奶牛养殖场转移到另一个奶牛养殖场，或在使用同一车辆收集过一个奶牛场的粪便后未经消毒就直接进入下一个奶牛养殖场）。

第五，不得使用有法定报告疾病（结核病除外）的牛场的牛粪/粪污固液分离产生再生牛粪固体。本条规定主要关注的疾病是口蹄疫，因为在出现临床症状前4天内，奶牛的粪便和尿液中就可能已经携带了感染因子。

第六，来自疑似结核病牛体的粪污和已经确定含结核病病原体的粪污不得用于加工再生牛粪固体形成卧床垫料。迄今尚未研究透彻奶牛结核病传播的具体途径，但只要粪污中含有结核病病原体，就代表有奶牛感染了结核病。通过牛体的定期测试和控制，奶牛结核病一般不会形成大规模传染。但如果结核病病原体进入粪污中，就不可能通过固液分离清除掉结核病病原体。因此，来自疑似结核病牛体的粪污和已经确定含结核病病原体的粪污均不能用于生产卧床垫料。

第七，经检测因患有布鲁氏菌病的流产奶牛产生的粪污不得用作再生牛粪固体生产卧床垫料。因为布鲁氏菌病是一种人畜共患病，因此须严格控制疑似布鲁氏菌病的传播，在使用再生牛粪固体制作卧床垫料的养殖场内较其他疾病更为重要。

第八，不应将一些可能进入奶牛粪污的其他污染物如奶牛分娩液、胎盘、产犊区域的粪肥和废弃牛奶等，与粪污混合进行卧床垫料制作。胎衣和其他液体污染物有疾病传播的潜在风险。而在粪污中添加产犊区域的粪污可能增加有害病原体的抗生素耐药性风险。研究发现，在生产卧床垫料的原料中加入废乳可能会导致乳房炎的患病概率提升。

第九，饲料和再生牛粪固体的处理不应有共用设备，如果任何设备是共用的（装载机、铲车等），则必须在使用之前彻底清洁，以防止交叉污染。

第十，如果任何固液分离设备或处理设备在不同奶牛养殖场之间转移使用，在转移和随后重新使用前必须彻底清洁和消毒。在英国，疫病的扩散通常都是由于被病原体污染的设备从一个奶牛养殖场转移到另一个奶牛养殖场导致的。

第十一，再生牛粪固体制作的卧床垫料只能提供给6个月以上的泌乳牛或育成牛使用。关于犊牛健康和福利的规定（欧盟理事会指令2008/119/EC和《2007年养殖动物福利条例》）指出，犊牛必须能够进入一个"清洁，舒适，充分排水并且不会对犊牛产生不利影响的卧位区域"。犊牛特别容易患上疾病。通过防止小于6个月的犊牛与成年牛的粪便和尿液接触，使疾病传播风险最小化。任何无意中出生在再生牛粪固体制作的卧床垫料上的犊牛都必须尽快从该区域移到犊牛岛内。

第十二，使用再生牛粪固体制作卧床垫料的奶牛产生的牛奶必须进行巴氏杀菌。所有卧床垫料都是牛奶污染的潜在来源。有害微生物和它们的孢子可以从垫料上附着到奶牛乳头上，并通过挤奶过程最终进入奶罐。作为预防措施，在销售未经消毒的牛奶的奶牛养殖场不允许使用再生牛粪固体作为卧床垫料的原料。

第十三，将奶牛粪污进行固液分离的分离机出料干物质含量必须达到34%以上。通常使用螺旋挤压式固液分离机将奶牛粪污机械分离成液体和固体两部分。固体部分（再生牛粪固体）应保证含固率不小于34%，如果再生牛粪固体太湿（低于34%），则不适合用作卧床垫料。

第十四，再生牛粪固体制作的卧床垫料只能用于卧床上，而不能作为原料使用在发酵床或其他奶牛养殖工艺中。再生牛粪固体制作的卧床垫料无论是作为其他垫料的表层覆盖物或直接作为15厘米以上卧床的填充物，只能用于奶牛舍的卧床隔段内。由于新生牛犊对传染疾病的易感性，再生牛粪固体制作的卧床垫料不应该用于产犊区域。

（5）根据以上规范推荐的最佳措施。根据以上必须遵守的条件，下文中的十二条建议应作为当前有意愿使用再生牛粪固体制作卧床垫料的奶牛养殖场主的最佳措施。

第一，作为再生牛粪固体制作卧床垫料的养殖场户应积极监测奶牛的健康状况，应特别关注奶牛的乳房健康，以及散装、罐装奶的质量。

第二，在处理再生牛粪固体期间和处理后，奶牛场工作人员应注重自身的卫生情况。

第三，再生牛粪固体制作的卧床垫料应在处理后尽快储存到非露天的贮存间内，防止雨水对垫料造成影响。

第四，治疗期的奶牛包括治疗期的干奶牛的粪污不应作为卧床垫料的原料。

第五，不应混入感染肠道疾病或暴发临床症状（例如沙门氏菌、肠出血性大肠杆菌等）的奶牛粪便。

第六，在挤奶时应该有良好的奶牛准备工作（例如，挤奶前的奶头处理和预浸），严格把控挤奶设备的卫生和奶牛卫生。

第七，奶牛养殖场应该有优秀的卧床垫料/卧床管理技术，包括：将再生牛粪固体制作的卧床垫料添加到少量的空闲卧床内，用于进一步干燥和预处理；应最大限度地减少卧床垫料自身的发热反应，从而减少垫料使用后有害微生物的繁殖；设计卧床的宽度和长度时，应尽量减少奶牛将粪污排放到卧床上；经常（至少每天）清除新鲜污染的卧床垫料。

第八，应当保证卧床区域具备充足的通风条件，并且避免卧床垫料被压得很实而导致生牛粪固体制作的垫料不能进一步干燥而产生氨气。

第九，刚完成固液分离的再生牛粪固体应尽可能快地（通常在12小时内）进行卧床垫料生产处理。

第十，未进行引入防疫隔离的成年奶牛不应将粪污混入整个垫料生产系统中，隔离期至少为期1个月。

第十一，用于奶牛足部清洗的消毒水或溶液不应混入粪污中用于再生牛粪固体制作卧床垫料。

第十二，年龄小于12个月的奶牛的粪污不应作为再生牛粪固体制作卧床垫料的原料。再生牛粪固体制作的卧床垫料只能供年龄大于12个月的奶牛使用。

四、奶牛舒适度评估

本部分重点针对奶牛舒适度的意义、评价方法、提升方向和一些观测指标进行介绍。奶牛舒适度是增加奶牛动物福利、提高奶牛体质、增加产奶量的有效方式，现代集约化养殖场越来越重视对这些指标的控制。

（一）奶牛舒适度意义

奶牛日常的活动包括采食、饮水、反刍、趴卧、挤奶、自由活动、社交等，兽医治疗、配种和打扫卫生还要占用其中的部分时间。奶牛的时间分配见表5。

表5　奶牛一天日常活动时间分布

活动种类	时间范围	最佳时间
采食	3～6小时	5小时
饮水	15～50分钟	30分钟
反刍	7～10小时	8.5小时
自由活动	2～4小时	3小时
挤奶	2～4小时	3小时
趴卧休息	8～14小时	大于12小时

根据数据显示，奶牛的平均趴卧时间是（11.0±2.1）小时/天，平均休息（9±3）次/天，平均每次趴卧休息（88±30）分钟/次。与其他活动行为相比，奶牛卧床休息时间长，对奶牛的生产性能有决定性作用。较长的卧床休息时间可以提高奶牛的产奶量，减少肢蹄病的发生，降低淘汰率。卧床休息时间被定义为评估奶牛舒适度的一个重要指标，主要是因为奶牛乳房中合成乳的前体细胞由流经乳腺的血液提供，趴卧时该作用可增加20%～25%，同时奶牛趴卧时的反刍可提高对饲料的吸收率，提高产奶量。一般认为牛群在趴卧时超过70%的牛在反刍，说明牛群是健康的。

一般认为松软、干燥的卧床垫料更适合奶牛的趴卧，主要以沙砾、沙土、锯末和秸秆垫料为主。用秸秆卧床垫料时奶牛平均趴卧时间是将近13小时，且更适合犊牛，而用沙砾卧床垫料时奶牛的趴卧时间为11.3小时；但沙砾卧床更利于奶牛健康，其牛体清洁度优于秸秆卧床，对肘关节的损伤小于沙土卧床，有利于牛蹄健康（图49）。

在生产实践中，秸秆、锯末和沙砾卧床的管理难度大，特别是对于大中型集约化奶牛场，人力需要大，维护成本高。对于已经铺设橡胶垫的牛舍，往上面撒锯末、干牛粪、稻壳等辅助垫料，可以改善舒适度，增加1个小时以上的趴卧时间并提高趴卧次数。

奶牛患有的一些肢蹄疾病会导致奶牛站立时间增加，研究发现健康牛平均每天站立2.1小时（站立

图49　环境良好的牛舍

时间在0～4.4小时），轻微跛行牛每天站立1.6小时（站立时间在1.6～6.9小时），中等跛行牛每天站立4.9小时（站立时间在2.5～7.3小时）。

（二）奶牛舒适度评价

1.奶牛舒适度指标体系

奶牛舒适度是动物福利的一项内容。动物福利是指"动物与环境协调一致的精神和生理完全健康的生活状态"，于1976年由美国学者休斯首次提出。一般动物的需求分为三类：维持生命的需求、维持健康的需求和维持舒适的需求。在生产实践中，养殖场主一般只重视前两者而忽视了对舒适度的要求，动物福利就是全方位最大限度地满足动物的舒适要求，不仅包括动物的营养需求，还包括感觉、健康状况、生理功能和是否受伤等。

奶牛作为一种高产型动物，其动物福利在生产时更容易受到威胁，因为高产奶量对于奶牛来说在自然条件下是不必要的。当养殖场主因为追求高产，让奶牛更多时间参与采食而不是卧床休息，奶牛本身的一些疾病的发病率就会提高，比如高产奶牛患乳房炎的概率要远大于一般奶牛，根据产量选育和饲喂导致后代乳房炎、肢蹄病频发等，奶牛的淘汰率也随之上升。

基于以上情况，需要提供一种用于评估奶牛动物福利指数的计算方法，但由于奶牛舒适度是一个比较抽象的概念，仅靠观察难以做出准确的判断。国际上根据调研和实验，开发出一系列评估指标。

（1）奶牛舒适度指标（CCI）。奶牛舒适度指标最早在1996年提出，现在已经广泛用来评估牛舍舒适性。其计算方法为：趴卧奶牛的数量/牛舍内接触卧床牛的数量。其中牛舍内接触卧床牛包括站立在卧床内、趴卧和跨卧床站立的牛。奶牛舒适指标的最大值发生在早晨第一次挤奶返回牛舍后1个小时左右，CCI值应大于85%。

（2）卧床使用率（SUI）。新的指标体系于2003年提出，其计算方法为：趴卧奶牛的数量/牛舍内接触卧床牛的数量。由于直接选择卧床附近奶牛作为指标，目标划分明确，该指标体系较奶牛舒适度指标能更准确地反映卧床舒适度。在早晨第一次挤奶返回牛舍后1个小时左右，SUI值应大于85%。

（3）奶牛站立指标（SSI）。其计算方法为：站立牛的数量/牛舍内接触卧床牛的数量，即SSI=1－CCI。这里的站立牛指的是四肢站立在卧床上，或者前肢站立在卧床上后肢站立在通道上的牛。建议在挤奶前2小时对牛群进行统计。

（4）奶牛跨卧床站立指标（SPI）。其计算方法为：跨卧床站立牛的数量/牛舍内接触卧床牛的数量，这里所谓的跨卧床站立牛是指前肢站立在卧床上而后肢站立在通道上的牛。该计算方法主要是为了区分跨卧床牛的分类。

无论那种指标体系，都需要针对某一个点进行定期拍摄和分析。养殖场运行初期应采用相对频繁的监测数据来评估养殖场设施的舒适程度，以间隔小于半小时的记录设备观测牛群的活动，因为正常情况下奶牛很少趴卧后马上站立。在正式运行后可调整为间断性拍摄同一位置内的特定时刻进行分析，但该情况下至少要进行一个季度以上的观测；或采用连续3天内观测奶牛在某一个阶段的舒适状况，通过均值对比法进行奶牛舒适度分析。更精确的观测方法则多用于科研活动，以连续5天监测的奶牛行为计算相应的指标。

2.需要观察的奶牛行为

（1）奶牛趴卧姿势。奶牛正身卧（前胸支撑）的缩紧姿势是头抬高，一只或两只前肢弯曲且压在胸部下方；奶牛正身卧，两前肢弯曲压在胸部下，头部伸向后躯侧腹部，说明奶牛在进行较短时间的休息；奶牛半侧躺（侧卧），头与一只或两只前肢伸出，说明奶牛在进行休息期的伸展动作；奶牛正身卧而两前肢伸展，脖颈向前伸得更长，说明奶牛在进行长时间的休息（图50）。

图50　奶牛趴卧姿势

（2）奶牛趴卧动作。每次奶牛进行趴卧时，先将大部分体重转移到两只前膝上，慢慢将两只前膝落地，奶牛头部前伸，通过前膝为支点，将后肢弯曲放置在地面上，最后调整姿势完成趴卧动作（图51）。趴卧动作非常适合观察奶牛对地面或卧床是否满意，如果奶牛平均使用超过5分钟的时间才能趴卧，证明卧床或奶牛身体有问题，应立刻检查。

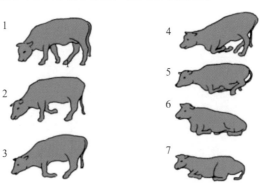

图51　奶牛趴卧动作

（3）奶牛起立动作。每次奶牛起立时，先将前肢准备好，背部和颈部发力，以两只前膝为支点，整个身体向前突进，同时将后肢提起，站稳后逐只抬起前肢，最终完成起立动作（图52）。通过对奶牛起立时的录像分析，发现奶牛起立时的突进空间需要260～300厘米的总长度（从鼻子到尾尖）。臀部的横向移动范围是60～110厘米。通过对奶牛鼻子运动的分析，估测奶牛头部向前突进的距离范围是22～72厘米。如果不具备突进空间，奶牛起立就会产生困难，久而久之导致奶牛不愿意趴卧在卧床上。

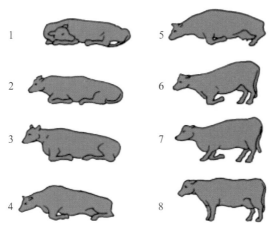

图52　奶牛起立动作

（4）行走。健康而无跛行的奶牛，当站立和行走时后背应保持平直。有跛行的奶牛，当其行走和站立时，其背部则拱起。奶牛的背线可为判断身体某部分是否有疼痛感提供大量的信息。观察行走时应在平直的地坪上进行，最好是不光滑的表面，也可在牧草地上进行。观察奶牛行走时主要是要顺其自然，避免强制行走。

（三）奶牛舒适度提升方向

1.养殖密度

相关文献表明，养殖密度为100%时，卧床的最大使用范围也难以达到100%，通常在62%～88%。因此，在不增加奶牛养殖设施设备的条件下，扩大牛群数量、提高养殖密度是养殖场主为了提高效益采取的主要方式。中国集约化牧场的养殖密度范围为60%～170%。很多研究讨论了超过100%养殖密度的奶牛情况。100%～110%的养殖密度会导致趴卧时间减少不足1小时，仍可以接受；120%左右的养殖密度是可承受的极限；超过130%养殖密度后，日趴卧时间有较大幅度的下降，而且牛群中易形成连锁反应，等级差别加大，地位较低的奶牛因得不到充分休息而导致肢蹄病、跛足，甚至趴卧在运动场和过道上，增加乳房炎感染率。但养殖密度不应太小，否则长时间不用的卧床也会影响奶牛的身体健康。

2.通风及控温

通风及控温是奶牛养殖的一项重要因素。奶牛大多数耐寒怕热，尤其国内奶牛的主要品种——荷斯坦牛。据有关报道显示，奶牛生活和生产的适宜环境温度是5～21℃，当气温高于25℃时，奶牛有明显的热应激反应，不仅直接导致奶牛的食欲下降，同时对奶牛的健康和产奶量造成非常不利的影响。

夏天炎热季节，通风有助于牛舍内气体交换，引入新鲜空气，排除被污染的气体，同时可调节牛舍内的湿度，营造一个适合奶牛生活的小环境。除了温度外，湿度也是影响奶牛的一个重要因素，尤其是我国南方夏季，高温高湿的环境会抑制奶牛自身的散热，同时牛舍内有害微生物生长繁殖迅速，奶牛容易患湿疹、皮癣等皮肤病。牛舍内地面上一般有残留的牛粪和牛尿，挥发出氨气、硫化氢等有害气体，威胁奶牛健康。

控温环境是奶牛舍夏季运行的关键。夏季热应激会使牛生产性能降低、疾病发生率提高，导致奶牛淘汰甚至死亡。外界温度升高至25℃以上时，荷斯坦牛的呼吸频率开始加快、食欲不振，产奶量开始下降。热应激时奶牛喜欢站着，因为站着会增加体表面积，加快散热。一般情况下牛舍控温主要手段就是喷淋和安装风扇，同时保证牛舍周围绿植覆盖并增加奶牛的饮水，并在饮水槽上设置遮阳棚。在我国南方地区应注意湿度过大的问题。国外现阶段500头以下的小型牧场基本采用室内养殖，可以较好地控制温度。

夏季饲喂时，应选择适口性好、消化率高的优质粗饲料，并增加粗饲料比例，以增进奶牛的食欲。夏季奶牛出汗和排尿较多，微量元素的损失大，应注意补充钾、钠、镁盐，还可以增加小苏打、氧化镁等瘤胃缓冲剂。夏季饲喂时应调整饲喂时间，减少中午饲喂，延长早晨和晚上的投料时间。

3.采食及挤奶环节

（1）奶牛每天采食5小时左右，采食区域的舒适度决定了奶牛能否长时间采食。每头奶牛要有65厘米以上的采食空间，产前牛需要增加到75厘米。采食区过度拥挤会增加奶牛之间互相竞争，减少奶牛采食时间，有研究显示采食槽由50厘米增加到100厘米时，可降低奶牛50%的争斗行为，可提高近24%的采食行为。

（2）采食区域的物理构造对奶牛的采食行为也有重要影响。一些物理性屏障如颈枷能够将牛分隔开来，降低奶牛之间的竞争。有学者比较了柱栏式和颈枷采食系统对奶牛采食和社会行为的影响，两者之间在平均采食时间上没有显著不同，但是采食高峰期间（饲料送达后90分钟内）处于从属地位奶牛的采食次数，前者显著低于后者。

颈枷向采食通道倾斜，以利于奶牛采食面变宽，同时倾斜的牛颈枷可减小对牛肩部的压力。采食道地面内外要有一定高度差，采食面要比奶牛站立面高15厘米左右，使采食更加舒适。采食站立区域宽度应设计为4.3米左右，保证牛只采食的同时可以不影响其他牛只通行。采食站立区域铺设较软的橡胶垫，其较混凝土地面更方便奶牛采食，同时有助于保护肢蹄健康。

（3）应设计合理的挤奶通道，避免奶牛在待挤厅站立等候时间过长而导致肢蹄病的发生。有研究显示，挤奶时间不宜超过3.5小时。挤奶厅应尽量靠近高产奶牛牛舍。

4.圈舍布局与地面

（1）圈舍的整体布局会影响奶牛的舒适度。一些研究显示奶牛对靠近采食区域的卧床的使用率比远离食槽卧床的利用率高41%，处于中间位置的卧床利用率较边缘地方高12%（如靠近墙或栅栏），可能是因为奶牛需要走较远的距离才能到达趴卧休息地点或者受到其他阻碍。因此，养殖场主应对设备进行逐一评估，如对趴卧、饲喂和站立区域进行评估。即使同一圈舍完全相同的卧床，利用率方面也存在巨大不同。一般认为牛与卧床比例1∶1即可，而实际上有些卧床是不能被利用的，1∶1的比例会影响牛的趴卧。

（2）奶牛不仅要趴卧舒适，站立时也应感觉舒适。奶牛喜欢站立和行走在松软的地面上，干燥松软的站立和行走区域可以减少跛足的风险。但考虑奶牛密度和环境以及管理的需要，诸如牛舍走廊、挤奶厅、牛群饮水槽和采食区等区域不得不铺设混凝土路面时，应尽可能减少混凝土路面带来的负面影响。新浇注的混凝土地面在使用前必须去掉尖角毛刺以防牛蹄损伤。应避免冬季因气温过低导致地面结冰、奶牛打滑的情况。

　　光滑、干净的地面对奶牛舒适行走是必要的，地面应该能够提供合适的摩擦力。如果地面不光滑，由于压力可能会造成牛蹄损伤，进而导致跛行。如果地板粪便未及时清理，会增加蹄肢病的发病率。略微倾斜的地面能够使肢蹄更干燥，能有效预防腐蹄病。行走区域的地面应该尽可能干燥、干净。由于粪污积聚在牛蹄上，最终会导致卧床变脏，严重时肢蹄病发病率也会增加。

　　5.卧床结构与测试

　　奶牛一天有50%以上时间都在休息，每头奶牛的休息空间为14米^{2}左右。趴卧能让奶牛的腿部、蹄部得到很好的放松，并能增加反刍，从而提高饲料转化率。因此，松软、干燥、干净的趴卧环境是减少奶牛乳房炎、子宫炎、膝关节炎、蹄病的发生率和提高奶牛生产性能的关键措施。

　　良好的卧床结构应确保奶牛起立（向前突进）、躺下和休息时拥有足够的空间，但大多数卧床不仅仅是为奶牛提供一个趴卧的环境，还为了限制奶牛在特定的位置趴卧以避免粪尿污染卧床。颈部横梁的高度和距离后椽的长度都会影响奶牛的站立行为。颈部横梁的作用是规范奶牛站立，狭窄的卧床或者约束性的颈部横梁能够减少卧床上的粪便数量。而趴卧时候的约束要靠胸挡板。但胸挡板的使用会减少卧床率，与没有胸挡板的卧床比，使用胸挡板的奶牛每天趴卧时间减少1.2小时。

相较于狭窄的卧床，奶牛喜欢分隔栏更宽、胸挡板更低或没有胸挡板的散栏，宽卧床能够增加奶牛四肢站立在卧床上的时间，相应地减少奶牛全部或者部分肢蹄接触其他地面的时间。颈部横梁过低或过于靠后都会阻挡奶牛，使其不能完全站立在卧床上，这会增加奶牛站立在其他较硬地面的时间。

有研究评估了颈部横梁的位置对奶牛的影响，在持续5周的试验期内，趴卧时间没有显著变化，但没有颈部横梁的卧床大大改善了奶牛的行走评分。

卧床的测试主要是通过人体测试，分为膝盖测试和躺卧测试两种。奶牛起卧时，主要通过前肢膝盖部位支撑，如果卧床较硬，奶牛起卧次数增多后前膝磨损情况非常严重。膝盖测试可以反映卧床的软硬程度和含水率。软硬程度测试是穿正常工作服进行跪地动作5次，如果觉得疼痛，则需要选择更柔软的卧床垫料或者将卧床垫料抛撒得更蓬松；测试含水率时，应身着棉布或运动裤，在卧床上维持跪地姿势10秒左右，起身看膝盖的潮湿程度，如果湿了，说明垫料的含水率过大，应继续晾晒。

（四）卧床垫料使用的卫生和健康指标

卧床垫料中的细菌种类较多，容易引发乳房炎，而乳房炎的发病率和牛奶体细胞数是衡量奶牛乳房健康的主要指标。容易引发乳房炎的致病菌主要分为两类：接触性致病菌主要有无乳链球菌、金黄色葡萄球菌和小部分霉浆菌属；环境性致病菌主要有大肠杆菌、克雷伯氏杆菌、链球菌等。一般来说，卧床无机垫料的使用更容易控制致病菌的繁殖和生长，但在使用后容易产生更大的环境污染；卧床有机垫料容易导致致病菌繁殖，但从开始使用起3～6天后，有机垫料中的致病菌含量与无机垫料已经基本无显著差异了，如果控制住卧床垫料初始微生物含量和完善消毒程序，有机垫料与无机垫料并没有显著差别。

美国康奈尔大学废物管理研究所研究发现，牧场使用牛粪垫料与其他垫料相比，奶牛发病率、异常牛奶体细胞数并无太大区别。因此认为对于牧场来说，细菌数和垫料的性能对奶牛乳房炎发病率和牛奶体细胞数没有显著影响。该项研究还指出，无论对于哪种材料或处理方式，使用时间超过1天后垫料的细菌水平都会有所增加。在某些情况下，即使开始时垫料无细菌，但在使用一段时间后，其细菌数也会更多，这可能是因为没有其他细菌竞争而导致了某一种细菌数量激增。不同处理的牛粪垫料在使用一段时间后其细菌量没有太大区别。这种现象说明，牛粪垫料的细菌量可能与新鲜牛粪的细菌量有关，因此，及时清除牛舍中新产生的牛粪以减少新鲜牛粪对卧床垫料的污染尤为重要。

如果奶牛长期处于不舒适的状况，就会在身体和行为上表现出来，呈现出病态，例如跛行、牛体损伤等。定期（例如每个月）对奶牛的健康状况进行评估，并统计和分析整个牛群的舒适度指标，可以反映出过去较长时间内奶牛的舒适度状况。主要评价指标如下。

1.乳房清洁度评分

通过定期对乳房清洁度进行评分，来评估卧床的清洁度和舒适度（图53）。

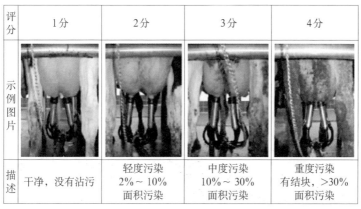

评分	1分	2分	3分	4分
示例图片				
描述	干净，没有沾污	轻度污染 2%～10% 面积污染	中度污染 10%～30% 面积污染	重度污染 有结块，>30% 面积污染

图53　乳房清洁度评分

2.牛体损伤评估

通过评估牛体附关节磨损和损伤，来评估卧床和地面舒适度（图54）。

3.步态评分

通过评估奶牛站立和步态，来评估牧场地面、卧床、通道的舒适度（图55）。

评分	0分	1分	2分	3分	4分
示例图片	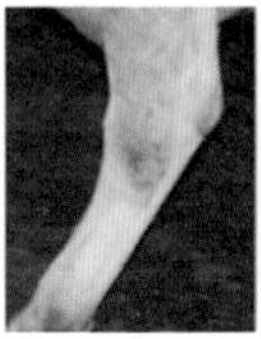	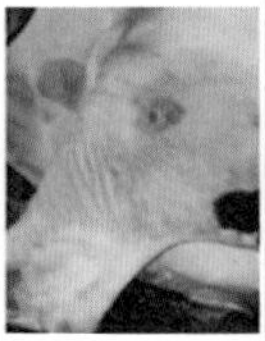			
描述	健康，无磨损和外伤，损伤区域的直径<1厘米	轻微磨损，外伤，损伤区域的直径1～2厘米	有磨损或外伤，损伤区域的直径2.1～5厘米	中等磨损和外伤，损伤区域的直径5.1～8厘米	严重磨损和外伤，损伤区域的直径>8厘米
评价	良好	可以接受	较差	不可接受	不可接受
目标	牛群中<2分牛的比例：>90%	牛群中<2分牛的比例：>75%	牛群中≥3分牛的比例：<20%	牛群中≥3分牛的比例：<10%	牛群中4分牛的比例：<5%

图54　牛体损伤评估

评分	0分	1分	2分	3分	4分
站立		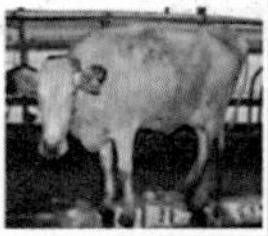			
	背腰平直	平直或轻微弓背	弓背	弓背	严重弓背
行走					
	背腰平直，步态正常	稍微弓背，步态稍有跛行	弓背，跛行	弓背，严重跛行	少数肢蹄着地，有肢蹄不敢着地

图55　牛体步态评分

五、常用消毒剂和常见疾病

本部分介绍了奶牛卧床垫料使用过程中常见的几种消毒剂，并对使用方法进行了概述；同时针对卧床垫料使用不当而易导致的乳房炎和奶牛肢蹄病进行了介绍，并简要阐述了疾病分类、预防和治疗的方法。

（一）奶牛卧床垫料使用时的常用消毒剂

消毒剂是可以杀灭有害微生物或抑制有害微生物生长繁殖的一类药物。高浓度消毒剂，主要用于环境、牛舍外围、卧床、粪污清理车辆（工具）和垫料铺撒工具等非生物表面的消毒；低浓度消毒剂，主要用于牛体局部皮肤、肢蹄或带牛的卧床的抑菌消毒。严禁将高浓度消毒剂用于带牛消毒。

1.酚类

（1）苯酚。0.1%～1%溶液有抑菌作用；1%～2%溶液具有杀灭卧床细菌和真菌的作用；5%溶液具有较强的杀菌作用，通常配制3%左右的溶液用于卧床、粪污清理、车辆（工具）和垫料铺撒工具的消毒。

苯酚对人体和奶牛有很强的毒性，严禁用于带牛消毒。

（2）复合酚。配制0.3%～1%溶液作为喷雾消毒剂使用，可杀灭多种细菌和病毒，通常用于卧床垫料清槽后、粪污清理车辆（工具）和垫料铺撒工具的消毒。当制成2%的水溶消毒剂使用时，对牛体具有较强的刺激性，可腐蚀牛蹄。

（3）甲酚。甲酚是酚类消毒剂中最常用的，杀菌效果较苯酚强3～5倍，可杀灭大多数病原菌，但对病毒杀灭效果一般，且不能处理芽孢，配制成5%～10%溶液用于牛舍外围、卧床、粪污清理车辆（工具）和垫料铺撒工具的消毒。

2.醛类

（1）甲醛。甲醛溶剂（福尔马林）是常见的消毒剂和尸体储存溶液，具有较强的杀菌效果，可杀死大部分细菌，对芽孢、病毒和真菌也有一定去除作用。甲醛溶剂对牛体的刺激性很强，对橡胶卧床垫料等无机垫料无腐蚀作用，但喷洒后不易挥发，刺激性气味需要通风去除。配制成2%消毒剂用于粪污清理车辆（工具）和垫料铺撒工具的消毒，或15毫升/米^{3}进行熏蒸消毒。

（2）戊二醛。广谱抗菌的速效消毒剂，对细菌、芽孢、病毒、分枝杆菌和真菌均有良好的杀灭作用。

一般用于环境、牛舍外围、卧床的杀菌，特别是橡胶卧床垫料表面的消毒，配制成0.7%溶液喷洒至自然风干。

3.醇类

主要是乙醇。乙醇溶剂是目前使用最广泛的消毒剂，主要通过使细胞蛋白变性和沉淀的作用进行杀菌，对细菌、部分病毒有较好的杀灭作用，但对芽孢无效。乙醇溶剂是良好的有机溶剂，可涂抹在牛体上进行机械性除菌。主要用于牛体局部皮肤、肢蹄或一些小型设备、器具的消毒。

4.卤素类

（1）氯制剂。通过各种化学反应生成次氯酸、活性氯、新生态氧、次氯酸等二次产品进行消毒。氯制剂的杀菌性强、杀菌速度快，主要有含氯石灰、三氯异氰尿酸、溴氯海因等。通常用于环境、牛舍外围、卧床、粪污清理车辆（工具）和垫料铺撒工具的消毒，或作为饮水消毒剂使用。

（2）碘制剂。碘制剂是仅次于醇类的广谱消毒剂，具有较强的杀菌效果，也可以杀灭芽孢、真菌和寄生虫。2%的碘溶液适用于牛体的刮伤、擦伤以防治细菌感染，10%的浓碘溶液外用于牛蹄抗菌处理、后肢消毒。碘制剂的主要种类有碘甘油、碘伏、碘酊、复合碘溶液、聚维酮碘溶液等，牛体、卧床及器械工具均可用来消毒。

5.季铵盐类

（1）苯扎溴铵。又称新洁尔灭，是一种阳离子表面活性剂，对细菌杀灭能力强，但对病毒作用较弱，对分枝杆菌、真菌几乎无杀灭作用，只能抑制芽孢的生长而不能杀灭。不能与肥皂或其他阴离子活性剂同时使用，0.01%溶液用于牛体受伤部位消毒，0.1%溶液用于环境、牛舍、器具灭菌。

（2）癸甲溴铵。双链季铵盐消毒剂，杀菌能力强于苯扎溴铵，对真菌和亲脂性病毒也有一定的杀灭作用，一般配制成0.03%左右溶液用于牛舍、垫料器具的消毒。

6.一般氧化剂

（1）过氧化氢。一种较强的氧化剂，在组织或血液中与过氧化氢酶接触后分解出新生态氧，对细菌产生强氧化作用，干扰其酶系统的工作，抑制细菌生长和繁殖。一般配制3%溶剂用于牛肢蹄、乳房的清洗。

（2）高锰酸钾。一种常见的强氧化剂，遇到有机物、加热、加酸碱均可产生新生态氧，杀灭细菌。高锰酸钾一般配制成0.1%～0.2%溶液用于奶牛肢蹄、肘关节、后肢的创面消毒、止血和收敛。

7.过氧乙酸

过氧乙酸是一种强氧化剂，具有极强的杀菌作用，对细菌、芽孢、病毒均有杀灭作用。一般配制成0.1%溶液用于牛体杀菌，0.5%溶剂用于卧床清理后彻底喷洒消毒，牛舍、器具消毒则采用0.25%～0.5%溶液进行消毒。

8.氢氧化钠

氢氧化钠又名烧碱，是一种常见的环境消毒剂，对病毒和细菌均有较强的杀灭作用，高浓度才可杀灭芽孢。氢氧化钠的杀菌原理主要是通过氢氧根离子水解菌体内的蛋白质和核酸，使细菌的酶系统和细胞结构受损。卧床、器具和牛舍消毒时，采用1%～2%的溶液喷洒或涂抹，环境消毒时采用0.5%溶液喷洒。

9.甲紫染料

甲紫、龙胆紫和结晶紫是一类碱性染料，对革兰氏阳性菌有强大的选择作用，同时还有一定的抗真菌作用，对牛体无刺激性。一般配制成1%～2%溶液用于牛体感染部位的消毒。

10.松馏油

松馏油是一种局部消毒剂，以松树或杜松的木材经干馏得到的沥青状液体，含有松节油、木馏油、酚、二甲苯、醋酸、萘、愈创木酚等多种化合物，具有防腐、溶解角质、促进脓细胞的分解和刺激肉芽生长的作用，主要用于牛蹄的治疗和消毒，不可用于破损皮肤。

（二）奶牛卧床垫料使用不当时的常见疾病

奶牛与卧床垫料直接接触的部位或与牛舍内环境有直接接触的部位，因为卧床垫料管理不当、未能及时清理、垫料选择错误、含有害微生物过多等因素易发生疾病，最常见的主要有以下两种。

1.乳房炎

奶牛乳房炎是乳腺组织受到物理、化学、微生物刺激所发生的一种炎症变化，特点是乳液中体细胞增多，乳腺组织发生病理变化，乳液的性状品质发生异常，奶牛的产奶量降低甚至无奶。乳房炎是奶牛临床发病率最高、给生产带来损失最大的疾病，约10%的淘汰奶牛是因乳房炎导致的。100种以上的微生物与乳房炎有关，大多数为细菌，病毒、真菌和异物也可引起乳房炎。在奶牛使用卧床时，奶牛乳房作为直接与垫料接触的部分，非常容易因垫料的使用不当引起乳房炎。

（1）乳房炎诊断。根据有无临床症状分为临床性乳房炎和隐性乳房炎两大类。

临床性乳房炎：乳房和乳汁肉眼可见异常，有时体温升高或伴有全身症状，泌乳量减少。根据发病程度分为以下四个类型：①最急性乳房炎。突然发生，乳房重度炎症，以水样或血样奶为特征，奶产量严重下降甚至无奶。明显的全身症状，可导致败血症或毒血症，基本无法治愈，大多淘汰或死亡。②急性乳房炎。奶牛1～3天内发病，临床表现为突然发生乳房红、肿、热、痛等，乳汁明显异常，全身症状明显，但较最急性乳房炎情况轻。③亚急性乳房炎。一种温和的炎症，乳房可能有肉眼无法观察的病变，牛奶中可见小的薄片或奶块，牛奶颜色变淡。有时乳房肿胀，产奶量减少，一般无全身炎症。④慢性乳房炎。炎症持续不退，乳房可见硬结或萎缩，无明显临床症状，容易反复发作，较难治愈。

隐性乳房炎：乳房和乳汁未见异常，但乳汁中含菌，体细胞数量明显增多，需要通过乳汁理化性状分析、加州乳腺炎试验法和体细胞数测定法检测并判断。

（2）乳房炎的治疗。奶牛乳房炎常用以下方法：①用10%樟脑碘酊或10%鱼石脂软膏外敷发病区。②乳房内直接给药，选用敏感抗生素注入，每天2次，连用3～5天，一定要彻底治愈后再停药。③乳房基底部封闭，分3～4点，进针8～10厘米，0.25%～10.5%的普鲁卡因1 500～3 000毫升，青霉素40万国际单位。④葡萄糖生理盐水1 000～1 500毫升，5%碳酸氢钠500毫升，B族维生素、维生素C适量静脉注射。

（3）乳房炎的预防。乳房炎的发生与环境、饲养管理、挤奶设备的正确使用与挤奶程序等因素密切相关。①按照奶牛饲养管理规范，根据奶牛不同生产阶段进行标准化养殖，保证奶牛的营养平衡，饲草、料和饮水要保持新鲜、干净，严禁提供发霉的饲料或受污染的饮水。②改善卫生环境，牛舍应保持宽敞、通风、清洁和干燥，适当控制饲养密度；运动场平坦、干燥、清洁无杂物，排水性能良好。③卧床保持洁净、干燥，垫料根据种类定期更换，每天及时清理出受到污染的垫料，定期整床并对卧床进行消毒。卧床垫料必须进过无害化处理，并及时使用，严禁长时间堆放后未经处理直接使用（图56）。④正确使用挤奶设备，并保证挤奶卫生，避免交叉感染。⑤长期监测和治疗隐性乳房炎。隐性乳房炎不仅直接造成产奶量的减少，如不及时治疗还会发展为临床性乳房炎。⑥隔离、治疗和淘汰患临床性乳房炎的病牛。对临床性乳房炎的病牛要及时从牛群中隔离，单独饲喂、单独挤奶，使用的器具应在使用后彻底消毒，乳液蒸煮或消毒后废弃处理。严禁把病牛的粪污混入健康奶牛的粪污内并集中处理后制成卧床垫料。⑦有条件

图56　不良的牛舍环境容易导致乳房炎等疾病

时可采用疫苗来控制奶牛乳房炎，但效果不稳定，应跟踪监测疫苗效果。

2.奶牛肢蹄病

奶牛肢蹄病是奶牛养殖过程中的常见病，初期引起跛行等，后期将直接导致奶牛被淘汰（图57）。

图57　因卧床不合理导致奶牛后肢磨损严重

（1）蹄变形。指牛蹄的形状发生病变。根据蹄变形后病变的性状，临床上可分为长蹄、宽蹄和翻卷蹄三种。①长蹄。蹄的两侧指长超过正常蹄的长度，蹄角质向前过度延伸，整个蹄呈长条形，走路时奶牛有不适感。②宽蹄。蹄角质向前及两侧过度生长，长度和宽度都超过正常蹄的范围，外观宽而大，蹄角质部较薄，蹄踵部低，站立和运动时蹄的前缘负重不实，向上翻翘，又称"大脚板"。③翻卷蹄。蹄的内侧指或外侧蹄底翻卷。从蹄底部向上看，外侧边缘过度磨损，蹄顶部翻卷成蹄底，靠蹄交叉部的角质层变厚，磨损不正，蹄底负重不均匀，往往出现后肢跗关节以下向外倾斜，呈X形或O形。严重的情况下，奶牛两后肢向后方延伸，背部呈弓形，行走困难，呈拖曳式迈步。

蹄变形的防治主要通过修蹄疗法治疗，根据蹄变形的程度采取不同的方法给予修整、校正。防治该病的关键在于做好预防工作。①加强奶牛的饲养管理，配制合理的日粮结构，重视蛋白质、矿物质的供应，保证合理的钙、磷比例。②定期给奶牛修剪蹄部，并针对不同阶段的奶牛制订奶牛蹄部保健方案。③按半年或一年为周期，对奶牛进行蹄部检查，发现蹄变形时应及时修整并记录档案，加大检查频率。④做好卧床、站槽的清理工作，减少奶牛蹄部浸渍在粪便、尿液中的概率，保持奶牛蹄部干净干燥（图58）。⑤修

图58　奶牛蹄部直接踩在粪便里

剪蹄部时，不应在雨季或潮湿天气进行，应尽量保证修剪后的奶牛蹄部干燥，避免感染。

（2）牛蹄趾间皮炎。指没有扩散到深处组织的趾间皮肤的炎症，呈湿疹性皮炎，有腐臭气味。

患蹄趾间皮炎的牛有可辨识的不自然行走，但不严重，牛蹄比较敏感。病变局限在表皮，趾间隙有一些脓液，表皮充血较重。发展到后期可能出现牛蹄腐烂。

主要治疗方式是采用药浴，对牛蹄进行浸泡杀菌，局部溃烂严重的采用高锰酸钾粉剂或鱼石脂膏剂，一天2次，连续使用3天。用药后保持牛蹄干燥、清洁。

（3）蹄叶炎。指牛蹄真皮层有扩散性炎症但无败血症状的疾病，通常由奶牛食用的饲料过于精细，引起临床性瘤胃酸中毒导致。夏季天气过热导致热应激反应时也容易引起蹄叶炎，可在奶牛四肢同时发病，患病后奶牛出现跛行、蹄过长、蹄底出血等症状，是一种比较常见的蹄部疾病。

患急性蹄叶炎的奶牛跛行严重，行走时患肢僵硬，有明显疼痛感，背部弓起，后肢叉开。患蹄严重变形，为了减轻疼痛，奶牛不愿意站立或行走，长期趴卧，食欲下降较大。

慢性蹄叶炎的牛蹄侧边与地面形成很小的角度，蹄变长，蹄侧壁弯曲变形，蹄底变薄，有出血、流脓的现象，可能由坚硬的站槽地面或不合适的卧床引起（图59），后期导致奶牛后肢肌肉受损，骨骼断裂乃致淘汰。

图59 较差的牛舍环境

蹄叶炎的预防：①根据蹄叶炎的发病原理，需要配制营养均衡的日粮，分群饲养，保证精料和粗料的比例，保证奶牛瘤胃的健康，注意控制饲料含水率。②加强牛舍卫生管理，保证牛舍、卧床、牛体的清洁干燥，选择合适的垫料，保证奶牛上床率在80%以上，确保奶牛趴卧时间。③定期进行蹄浴，夏季蹄叶炎高发期时应保证每周进行1次，可在挤奶之前设置喷浴间或药浴池，在奶牛挤奶前完成浸泡。④每年至少进行2～3次专业的蹄部维护修剪，应注意适当保留部分角质层，修剪后蹄底平整，蹄前呈钝圆形。

蹄叶炎的治疗。首先需要确证病因，确定是由饲料引起的原发性疾病还是由其他如乳房炎、子宫炎、胃部炎症引起的继发性疾病。原发性蹄叶炎需要从饲料着手纠正，继发性需要彻底治疗。彻底清洗蹄部，将患蹄进行削薄修整，将病变部位暴露，彻底清除腐烂的部分。清理完后，用碘酊消毒，用涂有消炎药粉、硫酸铜粉的绷带包扎病变部位。在病变部位化脓时，应彻底清除脓血、脓汁，发炎部位较深时需要引流后再治疗。每2～3天换药1次，3个疗程后可治愈。严重的蹄叶炎应全身用药治疗。

（4）腐蹄病。指蹄部的真皮和角质层组织发生化脓性病变的一种疾病，其特征是真皮坏死和化脓，角质层溶解，病牛走路时因疼痛导致跛行。一般情况下犊牛、育成牛和成年奶牛都可能发生，但以成年奶牛较为常见。发病期较广，全年都可能发病，但在7～9月高温高湿天气居多。四蹄均有可能发病，以后蹄居多。

蹄趾间腐烂：指病牛蹄趾间表皮或真皮层的化脓性或增生性炎症。通常表现为蹄趾间皮肤充血、发红肿胀、糜烂等症状。有的蹄趾间腐肉增生，呈暗红色，质地较硬，凸出在蹄趾间的沟缝内，极易破损出血，蹄冠部肿胀呈红色。当奶牛患有蹄趾间腐烂时，跛行现象严重，以蹄尖着地。站立时患病肢不能受力负重，有的以患病肢点地或蹭腹。

腐蹄：指病牛蹄在两趾中的一侧或两侧发生的真皮、角质层腐败性化脓的疾病。前肢患病时，患肢向前伸出。进行蹄部检查时可见蹄变形、蹄底磨损不正、角质层呈黑色等症状。如外部角质层尚未变化，可在修蹄后见有灰色或黑色腐臭脓汁流出。由于角质层溶解，蹄真皮过度增生，肉芽凸出于蹄底外，呈暗褐色。

腐蹄病的病牛症状明显。初期病牛站立时，患蹄球关节以下收屈，频频换蹄点地或蹭腹。当炎症蔓延到蹄冠、球关节时，关节肿胀皮肤增厚，失去弹性，疼痛明显，行走时患蹄无法着地，靠其他蹄支撑跳动前进。化脓后关节处破损流脓，病牛体温升高，食欲减退，卧地不起，最终导致淘汰。

腐蹄病的防治：①预防。定期检查牛蹄，保持牛蹄干燥；及时清扫卧床、牛舍和运动场，保持干燥、卫生；加强对牛蹄的关注，增加检查次数，及时发现和治疗，防止病情恶化。②治疗蹄趾间腐烂时，可使用10%～30%硫酸铜溶液或10%来苏儿（甲酚皂溶液）清洗患蹄，涂抹10%碘酊，用松馏油或鱼石脂膏剂涂满患病处，并包扎绷带。如发现增生物，应采用物理方法去除或用硫酸铜粉末、高锰酸钾结晶粉撒在增生物上并包扎严实，间隔2～3天换药1次，一般2～3次后治愈，也可直接用烧烙法将增生物去除。③治疗急性腐蹄时应先去除炎症，每千克体重静脉注射0.01克金霉素或四环素或0.12克磺胺二甲基嘧啶，每天1～3次，连续注射3～5天。或肌内注射250万国际单位的青霉素，每天2次，连续注射3～5天。④治疗慢性腐蹄时首先需要隔离病牛，保持隔离舍的卧床和地面干燥整洁。将病牛患蹄修理平整，找出角质腐烂的黑斑，向内清理至完全排出腐臭脓汁为止，然后用10%硫酸铜冲洗患蹄，内部涂抹10%碘酊，塞入涂满松馏油的棉球或填满高锰酸钾粉、硫酸铜粉，最后包扎绷带。⑤如病牛发生腐蹄的同时伴有关节炎、球关节炎症状，可在患病处用10%酒精鱼石脂绷带包裹，并对全身使用抗生素、磺胺类药物，每天2次。

（5）趾间赘生。指奶牛蹄趾间皮肤增生，又称趾间增殖性皮炎，是蹄趾皮肤慢性增生性疾病，主要是由圈舍环境差、奶牛长期站在粪污中引起的，一般后蹄发病率较高。

发病初期趾间皮肤红肿突起，但并不影响奶牛行走。随着病情逐渐严重，增生部位不断增大，导致两趾受到挤压而分离，奶牛出现跛行。由于行走时摩擦导致增生部位破损，感染其他病菌，导致指蹄腐烂、流脓，奶牛跛行逐渐严重。趾间赘生腐烂程度较其他蹄趾疾病轻，只在局部，较容易辨认。

趾间赘生的治疗方法通常有手术切除法和药物腐蚀治疗法，一般2～3周可痊愈。

六、前景展望

（一）卧床垫料逐渐成为奶牛养殖场企业关注的重点之一

奶业是现代农业和食品工业的标志性产业，也是社会高度关注的产业。经过多年发展，我国奶业产量、产值均有提升，2016年全国奶类产量3 712万吨，约占全球总产量的4.7%，居世界第三位。中国乳业正在逐渐走出阴霾，中国消费者信心在恢复。一批产量大、质量好、市场占有率高的大型骨干企业和名牌产品也在逐渐形成。

随着我国城乡居民购买力的日益提升以及消费升级趋势的显现，相关数据表明，预计到2020年，行业规模有望突破5 000亿元，我国乳品市场呈现出稳定发展的趋势。在这种发展趋势下，我国的乳业已经从高速发展期逐渐向高质量发展期转化，实施了全产业、全方位的技术改造和产业升级，从机械化、精确化、智能化等角度入手，深入渗透到饲草饲料种植、奶牛养殖、卫生安全、原料加工、质量监管、仓储运输、市场销售等方面。

在2008年之前，国内的奶牛养殖场主对卧床垫料的选择并未重视。在2008年"三聚氰胺"事件后，党中央、国务院高度重视乳品质量安全工作，加强对奶业的监管。在这种压力下，散户奶牛养殖场逐渐被集约化养殖场取代。但集约化养殖奶牛后，如何提高奶牛福利，成为困扰奶牛养殖场主的另一个难题。

从集约化奶牛养殖场的角度看，想要提高养殖收益，增加产奶量，延长泌乳期，控制疾病治疗成本，卧床垫料的选择和使用是不可回避的一环。卧床垫料是奶牛趴卧时直接接触的地方，垫料的好坏直接影响奶牛的健康水平和产奶性能，同时也对奶牛的动物福利起着重要的作用。优质的卧床垫料能够增加奶牛在卧床内的休息时间，降低奶牛因长期站立引发的肢蹄疾病。清洁、干燥的卧床垫料可以为奶牛提供舒适的趴卧环境，避免混凝土地面、土地对奶牛乳房的刺激作用，有效降低乳房炎症的发生率。

随着建设现代化牧场的进程不断推进，卧床垫料已经被上升到"奶牛的席梦思床"的高度，并被纳入评价动物福利和奶牛舍舒适度的重要指标。越来越多的牧场主开始寻找更好、更舒适的卧床垫料，将其作为提高养殖场利润的突破点之一。

（二）环保性卧床垫料正在成为集约化
奶牛养殖场选择的方向

奶牛养殖业一直被社会认为是一种污染严重的产业，从物料平衡的角度看，奶牛吃得多，排泄多，一个万头牧场1年的粪便尿液排泄量可达25万吨左右，再加上日常冲洗产生的废水，总量可达30万吨/年，如果这些粪便污水处理不当就会导致严重的环境灾难。

但根据作者的考察，奶牛养殖是否真的是一种农业面源污染的重灾区，主要取决于奶牛养殖场采取的养殖模式和粪污处理模式。在欧洲奶业发达国家，要求奶牛养殖场实行严格的"种养结合"模式，即根据奶牛养殖场饲养的数量，奶牛养殖者有充足的土地，满足本养殖场所需的饲料量，达到自给自足。按照该模式，奶牛养殖场应配套建设可贮存近6个月养殖场粪污的粪污贮存池，将熟化后的粪肥用于饲料种植区的灌溉，实现经济效益、社会效益和生态效益的协调统一。

但在我国现阶段，大中型奶牛养殖企业采取的并不是牧场式养殖，而是工厂化养殖，从我国奶牛产业的发展方向来看，大规模、超大规模的工厂化奶牛养殖正在逐步取代小、散规模奶牛养殖，集约化牧场似乎正在成为现代奶牛产业的标杆。集约化程度的提高，导致种养结合的压力大，所需要流转的农田面积广。就调研情况来看，在我国华北地区能实现全量化种养结合的奶牛养殖企业不超过10家。

随着2018年环保税的正式实施，奶牛养殖企业在不能全面实现种养结合模式的情况下，粪污治理技术如何选择、如何运行成为一个迫在眉睫的研究方向，卧床垫料的选择也变成了一个关键因素。在罐体沼气、膜式沼气等被奶牛养殖企业广泛利用后，卧床垫料的环保影响逐渐体现出来。山东几个大型奶牛养殖场选择沙砾或沙土垫料，导致沼气罐报废；内蒙古、甘肃奶牛养殖场选择沙土垫料，导致肥水粪便无法使用；东北奶牛养殖场选择橡胶垫料，导致冬季冻害严重；南方奶牛养殖场选择秸秆垫料，发霉现象频频出现。一个个案例说明了奶牛场粪污治理工程不应仅仅将目光聚焦在粪污本身，还需要向前延伸，才能保证系统的正常运行。

现在普遍的垫料研究方向集中在两个方面：

一是牛粪卧床垫料。牛粪作为奶牛场粪污的组分之一，除了肥料化、基质化外，如果能开辟出新的利用方法，可以有效减少奶牛养殖企业的环保压力。最为关键的一点，牛粪不需要从市场购买，不受市场价格变动的控制，同时也不存在外源性的疫病问题。而牛粪作为卧床垫料，需要解决的问题也很多，主要集中在三个方向：卫生学指标能否达到无害化效果；粒径大小会不会影响奶牛健康；处理工艺的成本核算。

二是自动化卧床。随着社会人力成本的不断增加，奶牛场的运行成本也在提高。大部分奶牛场逐渐向机械化、自动化方向发展，减少人力的投入。在现阶段奶牛卧床的管理上，基本还是采用人力或机械+人力的方式解决，尤其是日常的清理维护。在欧美国家，大型奶牛养殖企业在推行农场化运行的同时，也在探索自动化卧床的可行性。在瑞典，液压移动床的使用已经为自动化卧床的发展方向指明了一条道路，如何能更及时、更方便、更廉价地实现卧床自动化运行，将成为一个新的研究方向。